高等职业教育系列教材

COMPUTER TECHNOLOGY

计算机网络基础
基于案例与实训 （第3版）

主　编｜朱　迅　赵　陇
副主编｜潘永安　蔡　斌　支立勋
参　编｜贾建强　朱重龙　蒋愚劼
主　审｜韩　锐

本书自 2012 年首次出版以来，得到了广大师生的肯定，本次修订，结合近年来网络技术的新发展及 1+X 认证的相关要求，明确了教学目标，更新了部分理论和实训内容，更加符合高职高专学生的学习特点。

本书在理论编排上以 TCP/IP 分层结构为主线。第 1 章介绍了计算机网络及其体系结构；第 2～6 章从 TCP/IP 的底层到高层依次介绍了每一层的功能、协议及实现；第 7 章介绍了网络安全与管理的基础知识；第 8 章介绍了无线网和物联网的基础知识。

本书在实践内容上以案例为主线。通过一个实际的组网工程案例贯穿全书，并按照知识点分解到每一章。配备实训工作手册，包含 20 个实训，便于读者进一步理解理论知识，提高动手能力。本书在表述中以实用直观为宗旨，通过实例讲述原理，图文并茂，加强与日常生活中遇到的问题和现象的联系，在保证一定广度和深度的前提下力求清晰易懂。

本书可作为高等职业院校计算机相关专业的教材，也可作为相关专业工程技术人员的参考用书。

本书配有微课视频，读者扫描书中二维码即可观看；还配有电子课件、授课计划、试卷样例、习题答案等电子资源，需要的教师可登录机械工业出版社教育服务网（www.cmpedu.com）免费注册，审核通过后下载，或联系编辑索取（微信：13261377872，电话：010-88379739）。

图书在版编目（CIP）数据

计算机网络基础：基于案例与实训 / 朱迅，赵陇主编．—3 版．—北京：机械工业出版社，2023.8（2025.1 重印）

高等职业教育系列教材

ISBN 978-7-111-73108-5

Ⅰ．①计⋯ Ⅱ．①朱⋯ ②赵⋯ Ⅲ．①计算机网络-高等职业教育-教材 Ⅳ．①TP393

中国国家版本馆 CIP 数据核字（2023）第 075673 号

机械工业出版社（北京市百万庄大街 22 号　邮政编码 100037）
策划编辑：王海霞　　　　　　　责任编辑：王海霞　李培培
责任校对：薄萌钰　王明欣　　　责任印制：常天培
北京机工印刷厂有限公司印刷
2025 年 1 月第 3 版第 5 次印刷
184mm×260mm・13.75 印张・353 千字
标准书号：ISBN 978-7-111-73108-5
定价：59.00 元

电话服务　　　　　　　　　　　网络服务
客服电话：010-88361066　　　　机　工　官　网：www.cmpbook.com
　　　　　010-88379833　　　　机　工　官　博：weibo.com/cmp1952
　　　　　010-68326294　　　　金　　书　　网：www.golden-book.com
封底无防伪标均为盗版　　　　　机工教育服务网：www.cmpedu.com

Preface 前 言

"计算机网络基础"是计算机网络专业的专业基础课程,对于后续课程及知识的学习有重要作用。它是一门理论性和实践性兼具的课程,不仅包括网络协议等抽象的理论性知识,也包括局域网组建、Internet 接入、网络服务配置等具体的实践性环节,对教材要求较高。

本书编写团队一直从事计算机网络相关的教学和实践工作,具有丰富的行业知识和教学经验,也为本书撰写了丰富的实践案例。本书 2012 年首次出版,2018 年第 2 版出版,得到了广大高职高专院校师生的肯定,虽然 TCP/IP 还是计算机网络的运行基础,但变化总是存在,因此有必要编写本书的第 3 版。

本次修订贯彻推进党的二十大精神进教材、进课堂、进头脑,坚持"三全育人"理念,明确教学目标,增加了课程思政相关内容;结合"网络系统建设与运维"1+X 职业技能证书的技能要求,跟踪技术、行业、企业的发展,对教材内容进行适当增删;侧重技术应用,增加部分应用较为广泛的标准和技术,删减部分濒临淘汰的标准和技术;进一步完善教学资源,主要包括在线课程、微课视频、授课计划、电子课件、动画、习题答案、试卷样例等;将实训部分的内容制作成实训工作手册,并单独装订成册,以便用户使用。课程建议学时为 64~96 学时(含实训),各章节学时分配可参考授课计划。各院校选用本书作为教材时,也可以视具体情况适当增减。

本书由朱迅、赵陇任主编,潘永安、蔡斌、支立勋任副主编。编写分工为:朱迅编写第 1~7 章,赵陇编写第 8 章,潘永安、蔡斌、支立勋、贾建强、朱重龙、蒋愚劼编写实训工作手册部分,朱迅、赵陇制作电子资源。全书由朱迅统稿,江苏电子信息职业学院韩锐副教授担任主审。

为便于教师授课和学生学习,本书免费提供电子课件、授课计划、微课、试卷样例、习题答案、思考题答案等资源,资源下载地址为 http://www.cmpedu.com;在线开放课程网站地址为 http://mooc1.chaoxing.com/course/214467200.html。

由于编者水平所限,加之时间仓促,书中难免存在不足或错误之处,欢迎读者批评指正。

编 者

目录 Contents

前言

第 1 章 计算机网络概述 ... 1

1.1 计算机网络的定义和组成 ... 1
    1.1.1 定义 ... 1
    1.1.2 组成 ... 1
1.2 计算机网络的发展历史 ... 2
    1.2.1 计算机网络的产生 ... 2
    1.2.2 计算机网络的发展 ... 3
    1.2.3 计算机网络的未来 ... 3
    1.2.4 网络强国战略思想 ... 4
1.3 计算机网络的分类 ... 5
    1.3.1 按地理覆盖范围分类 ... 5
    1.3.2 按拓扑结构分类 ... 5
1.4 网络体系结构 ... 8
    1.4.1 层的概念及作用 ... 8
    1.4.2 OSI 七层模型 ... 9
    1.4.3 分层数据传输机制 ... 11
    1.4.4 TCP/IP ... 12
1.5 应用案例 ... 13
1.6 本章小结 ... 14
习题 ... 15

第 2 章 物理层 ... 17

2.1 物理层概述 ... 17
    2.1.1 物理层的作用 ... 17
    2.1.2 数据通信基本模型 ... 18
2.2 通信介质 ... 18
    2.2.1 有线介质 ... 18
    2.2.2 无线介质 ... 22
2.3 信号及其编码 ... 22
    2.3.1 信息、数据和信号 ... 22
    2.3.2 数据编码技术 ... 23
2.4 数据传输技术 ... 24
    2.4.1 信道通信方式 ... 24
    2.4.2 信道分类 ... 25
    2.4.3 信道多路复用技术 ... 25
    2.4.4 数据调制技术 ... 27
    2.4.5 差错控制技术 ... 27
    2.4.6 数据通信技术指标 ... 29
2.5 应用案例 ... 30
2.6 本章小结 ... 31
习题 ... 31

第 3 章　数据链路层 ·· 33

3.1 数据链路层概述 ··· 33
3.1.1 数据链路层功能 ······································· 33
3.1.2 协议数据单元——帧 ································· 34
3.1.3 数据链路层协议 ······································· 34
3.2 以太网协议 ·· 36
3.2.1 以太网的产生、发展及分类 ···················· 36
3.2.2 MAC 地址 ··· 38
3.2.3 以太网帧格式 ··· 39
3.3 局域网 ··· 40
3.3.1 局域网的特点 ··· 40
3.3.2 IEEE 802 局域网标准 ······························· 40
3.3.3 介质访问控制 ··· 41
3.3.4 局域网设备：中继器和集线器 ················ 42
3.3.5 局域网设备：交换机 ································ 43
3.4 应用案例 ·· 45
3.5 本章小结 ·· 46
习题 ··· 46

第 4 章　网络层 ·· 49

4.1 网络层概述 ·· 49
4.2 网络层协议 ·· 51
4.2.1 IP ··· 51
4.2.2 ARP/RARP ·· 59
4.3 IP 路由技术 ·· 61
4.3.1 路由及其分类 ··· 61
4.3.2 路由器工作原理 ······································· 62
4.4 应用案例 ·· 64
4.5 本章小结 ·· 65
习题 ··· 66

第 5 章　传输层 ·· 68

5.1 传输层概述 ·· 68
5.1.1 传输层及其功能 ······································· 68
5.1.2 传输层端口 ··· 69
5.1.3 传输层协议 ··· 73
5.2 TCP ··· 73
5.2.1 TCP 的功能及格式 ··································· 73
5.2.2 TCP 连接的建立和拆除过程 ···················· 75
5.2.3 TCP 可靠性传输机制 ······························· 76
5.3 UDP ·· 78
5.4 NAT 技术 ·· 78
5.4.1 NAT 概述 ··· 78
5.4.2 NAT 分类 ··· 79
5.5 应用案例 ·· 80
5.6 本章小结 ·· 82
习题 ··· 83

第 6 章 应用层及 Internet 85

6.1 应用层概述 85
6.1.1 应用层功能 85
6.1.2 C/S 结构 86
6.2 应用层服务及协议 86
6.2.1 WWW 服务 86
6.2.2 FTP 服务 87
6.2.3 E-mail 服务 87
6.2.4 Telnet 服务 88
6.2.5 远程桌面服务 88
6.2.6 DNS 服务 89
6.2.7 DHCP 服务 91
6.3 Internet 及其接入方式 93
6.3.1 Internet 概述 93
6.3.2 ADSL 接入 94
6.3.3 LAN 接入 95
6.3.4 PON 接入 95
6.4 应用案例 97
6.5 本章小结 99
习题 99

第 7 章 网络安全与管理 101

7.1 网络安全概述 101
7.1.1 网络安全发展现状 101
7.1.2 常见网络攻击技术 102
7.1.3 常见网络防御技术 108
7.2 密码学的原理及应用 112
7.2.1 加解密术语及模型 112
7.2.2 对称加密算法 113
7.2.3 非对称加密算法 113
7.2.4 加解密相关协议及应用 114
7.3 网络管理基础 118
7.3.1 SNMP 118
7.3.2 网络故障诊断工具 120
7.4 应用案例 126
7.5 本章小结 128
习题 128

第 8 章 无线网和物联网 130

8.1 无线网 130
8.1.1 无线局域网标准 131
8.1.2 无线局域网设备 132
8.2 物联网 133
8.2.1 物联网概述 133
8.2.2 物联网体系结构及关键技术 134
8.2.3 物联网典型系统及应用 136
8.3 应用案例 139
8.4 本章小结 140
习题 141

第1章 计算机网络概述

知识目标

1. 理解计算机网络的定义和组成
2. 了解计算机网络的产生和发展历史
3. 掌握常见网络拓扑结构的特点
4. 理解分层网络体系结构

能力目标

结合本章案例,能够根据用户需求进行拓扑结构的选择和设计

素质目标

深入理解网络强国战略思想,积极参与网络强国建设

1.1 计算机网络的定义和组成

1.1.1 定义

1-1 计算机网络的定义和组成

计算机网络是指将地理位置不同、具有独立功能的多台计算机及其外部设备,通过通信线路连接起来,在网络操作系统、网络系统软件及网络通信协议的管理和协调下,实现资源共享和信息传递的信息系统。

1.1.2 组成

1. 按照功能区域划分

按照功能区域划分,可以将计算机网络划分为通信子网和资源子网,如图1-1所示。

1)通信子网:指网络中实现网络通信功能的设备、线路和软件的集合,是网络的内层。通信子网负责信息的传输,主要为用户提供数据的传输、转接、加工和变换等功能。通信子网的任务是在端节点之间传送报文,主要由网络设备和通信链路组成。

2)资源子网:指边缘主机和用户端系统,是网络的外层。资源子网由计算机系统、终端、终端控制器、连网外设、终端软件与信息资源组成。资源子网负责全网数据处理和向网络用户提供资源及网络服务。

2. 按照功能组成划分

按照功能组成划分,可以将计算机网络划分为网络终端、网络设备、通信介质、网络协议

和网络系统软件等。

图1-1 通信子网和资源子网

1）网络终端：指位于网络拓扑结构末端的设备，可以接收和发送数据，一般提供人机接口。常见的网络终端设备包括计算机、手机、打印机、智能家电、监控设备和读卡器等。

2）网络设备：指位于网络拓扑中间节点的设备，主要功能是数据转发。常见的网络设备包括交换机、路由器、防火墙和网关等。网络设备在数据转发过程中所起的作用如下。

① 数据形式转换。例如，调制解调器用于数字信号和模拟信号的转换，光纤收发器用于光信号和电信号的转换。

② 数据信号整形放大。信号在传输的过程中会产生衰减和干扰，为避免信号传输超过一定距离后失真，需要及时地将信号整形放大，如放大器、中继器等。

③ 数据广播。在多端口节点中，把从一个端口接收的数据广播发送到多个端口，如集线器等。

④ 数据寻址。在多端口节点中，根据数据中提供的地址，把从一个端口接收的数据转发到目的地址所在的端口，如交换机、路由器等。

3）通信介质：是网络中信息传输的载体，其性能特点对传输速率、传输距离、传输可靠性和可连接的网络节点数目等都有很大的影响，必须根据不同的通信要求，合理地选择通信介质。常用的有线通信介质包括双绞线、光缆和同轴电缆等；常用的无线通信介质包括微波、红外线和无线电等。关于各种通信介质的特点和用途将在第2章中详细介绍。

4）网络协议：网络协议是网络中进行数据交换而建立的规则、标准或约定的集合。由于网络上有各种类型的设备和终端，如果没有网络协议，就不知道应该如何发送、传输、接收和理解数据。因此网络协议是网络上所有设备之间通信规则的集合，它规定了通信时信息必须采用的格式和这些格式的意义。

5）网络系统软件：网络系统软件是实现网络协议的网络操作系统、网络通信软件和网络应用软件等的集合，如Windows系统、Linux系统、电子邮件程序、网络聊天程序和网页浏览器等。

1.2 计算机网络的发展历史

1-2 计算机网络的发展历史

1.2.1 计算机网络的产生

早在20世纪50年代初，美国建立的半自动地面防空系统就是将地面的雷达和其他测量控制设备的信息通过通信线路汇集到一台中心计算机进行处理,开创了把计算机技术和通信技术结合的尝试。这类简单的"终端—通信线路—计算机"系统,成为计算机网络的雏形。20 世纪 60 年代中后期,美国国防部高级研究计划局(Advanced Research Project Agency,ARPA)建成了著名的远程分组交换式网络——ARPA 网。该项目由计算机公司和大学共同研制开发,主要目标是借助通信系统,使网内各计算机系统间能够共享资源。最终,一个实验性的 4 个节点(UCLA、UCSB、SRI 和 Utah 共 4 所大学)网络开始运行并投入使用。ARPA 网采用了当时先进的分组交换技术,由主机和子网组成,由协议和软件支持其工作。1969 年初步建成的 ARPA 网,开创了"计算机—计算机"通信的时代,并呈现出多处理中心的特点,标志着计算机网络的诞生。

1.2.2 计算机网络的发展

1. 以单主机为中心的网络

在计算机网络发展的初期,由于处理器相当昂贵,常将若干终端通过线路连接到主机,终端负责接收和发送数据,主机负责处理数据,这种结构是计算机网络的雏形,被称为第一代计算机网络,如图 1-2 所示。

2. 以分组交换为中心的多主机网络

随着主机数量的增多,需要将远距离的若干主机连接起来协同完成任务,由此产生了分组交换网,如图 1-3 所示。有了分组交换网以后,主机之间不需要直接相连,而只需要接入分组交换设备。分组交换网被称为第二代计算机网络,如 ARPA 网就是典型的分组交换网。

图 1-2　以单主机为中心的网络

图 1-3　以分组交换为中心的多主机网络

3. 标准化的开放性网络

为了使不同设计标准的网络能够互联互通,国际标准化组织(International Organization for Standardization,IOS)于 1983 年提出了一个使各种计算机能够互连的标准框架——开放式系统互连参考模型(Open System Interconnection/Reference Model,OSI/RM),简称 OSI 模型。OSI 模型是一个开放体系结构,它将网络分为 7 层,并规定每层的功能,从而使网络的发展走向标准化,其最大体现就是 Internet 的产生。Internet 是一个标准化的开放性广域网,符合其标准的不同厂商的设备都可以接入,从而极大地促进了网络的发展。

1.2.3 计算机网络的未来

未来的计算机网络将更关注融合、带宽、应用、安全、QoS(服务质量)、终端多样性、智能化等,并且会与软件技术和人工智能技术进行更深的融合。下面的一些例子读者可能都有体会。

1）融合。目前,计算机网络、IP 电话网络、IP 电视网络已经能够实现三网融合,未来随着网络协议的不断改进,计算机网络与移动通信网络、物联网等也将进一步融合,能够将更多的终端接入同一网络,从而节约网络建设成本。

2）带宽。有线通信网中光纤到户的线缆敷设方式得到广泛应用,十万兆级数据中心交换技术的发展使得云计算和虚拟化成为可能,5G 移动通信技术也得到普及应用,无线局域网的传输速率也在不断提高。

3）应用。越来越多的设备可以通过网络进行管理和控制,例如,电饭煲、摄像头甚至电器插座都可以通过手机进行远程控制。而越来越多的应用会通过无线技术实现,如共享单车、无线充电、网上购物等。

4）终端。物联网技术使得装有传感器的设备都可以与互联网连接,Wi-Fi 技术使得越来越多的智能家居设备出现,全球定位系统的发展使得交通出行更加便利。

5）智能化。人工智能(Artificial Intelligence,AI)技术与网络技术不断融合,扫地机器人已经走进千家万户,无人驾驶技术已进入实车测试阶段。

6）SDN。软件定义网络(Software Defined Network,SDN)是一种新型网络架构,是网络虚拟化的一种实现方式,通过将网络设备控制面与数据面分离开来,实现了网络流量的灵活控制,使网络作为管道变得更加智能。

1.2.4 网络强国战略思想

我国于 1994 年才正式接入互联网,但经过几十年的发展,现在已经成为一个网络大国,根据中国互联网络信息中心(CNNIC)2023 年发布的第 51 次《中国互联网络发展状况统计报告》,截至 2022 年 6 月,我国网民规模达 10.67 亿,互联网普及率达 75.6%,互联网的普及和应用程度已经位于世界前列。

当今世界已进入信息化时代,信息革命正在以前所未有的方式深刻影响着各行各业,"互联网+"作为网络信息化思维创新与产业实践结合的新模式,推动经济形态在传统行业演变,为社会经济实体带来新活力、新增长、新发展。网络空间已成为国民经济和社会生活的重要场所,网络技术已成为考察和衡量国家核心技术的重要指标,网络安全已成为国家安全的重要构成。在国际竞争日趋复杂的背景下,进一步推进我国网络事业的规范、发展和创新,建设网络强国具有重要的战略意义。

没有信息化就没有现代化。在 2014 年 2 月中央网络安全和信息化领导小组第一次会议上,习近平总书记提出建设网络强国的目标:"要从国际国内大势出发,总体布局,统筹各方,创新发展,努力把我国建设成为网络强国。"当前,信息革命时代潮流与世界百年未有之大变局和中华民族伟大复兴战略全局发生历史性交汇。放眼世界,网络信息技术全面融入社会生产生活,深刻改变着全球经济格局、利益格局、安全格局。网络安全和信息化是事关国家安全和国家发展、事关广大人民群众工作生活的重大战略问题,我们必须牢牢把握信息革命的"时"与"势",加快建设网络强国,向着网络基础设施基本普及、自主创新能力显著增强、信息经济全面发展、网络安全保障有力的目标不断前进。

1.3 计算机网络的分类

在计算机网络的研究中,常见的分类方法有以下几种:按地理覆盖范围分类,将网络划分为局域网、广域网和城域网;按拓扑结构分类,将网络划分为总线型网络、环形网络、星形网络、树形网络、网状网络和混合型网络。

1.3.1 按地理覆盖范围分类

1. 局域网

局域网(Local Area Network,LAN)是分布在较小地理范围内的网络,通常用专用通信线路连接,因而数据传输速率较高。局域网的本质特征是覆盖范围小、数据传输速度快。

局域网的主要特点如下。

- 地理范围一般不超过几千米,通常网络分布在一座办公大楼或集中的建筑群内,为单个组织所有,一般由使用单位进行自主管理。
- 通信速率高,传输速率一般为100~1000Mbit/s,甚至达到10 000Mbit/s。
- 一般使用单一网络协议,易于安装、组建与维护,节点的增删容易,具有较好的灵活性。

2. 广域网

广域网(Wide Area Network,WAN)通常是指分布范围较大,覆盖一个地区、国家甚至全球范围内的互联通信网络。广域网的本质特征是覆盖范围大、采用的协议和网络拓扑结构多样化。如Internet就是广域网的一种。

广域网的主要特点如下。

- 通常采用公共通信网作为通信子网,整个网络一般由一个或多个电信运营商管理。
- 可能使用多种网络协议,数据在传输过程中要经过多个网络设备,数据传输速率较低,传输延时较大。

3. 城域网

城域网(Metropolitan Area Network,MAN)是一种介于广域网和局域网之间的网络,覆盖范围通常是一个城市的规模,从几千米到几十千米甚至几百千米。城域网的设计目标是满足一个地区内的计算机互连的要求,以实现大量用户、多种信息传输为目标的综合信息传输网络,一般由网络运营商管理。

1.3.2 按拓扑结构分类

网络中各个节点相互连接的方法和形式称网络拓扑,主要有总线型拓扑、环形拓扑、星形拓扑、树形拓扑、网状拓扑和混合型拓扑等,如图 1-4 所示。拓扑结构的选择往往和多种因素紧密相关,如网络节点的数量和位置、传输介质的选择、介质访问控制方式、要求达到的服务质量或网络性能等。选择拓扑结构时，考虑的主要因素通常是费用、可靠性和灵活性，目前使用较多的拓扑结构有星形拓扑、树形拓扑、网状拓扑和混合型拓扑。

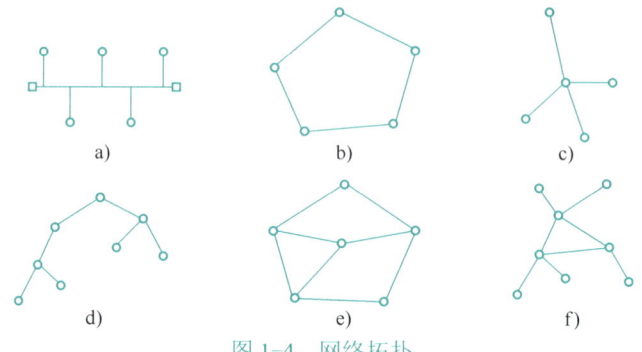

图 1-4　网络拓扑

a) 总线型拓扑　b) 环形拓扑　c) 星形拓扑　d) 树形拓扑　e) 网状拓扑　f) 混合型拓扑

1. 总线型拓扑

总线型拓扑结构采用单个总线进行通信，所有的站点都通过相应的硬件接口直接连接到传输总线上，一个网段内的所有节点共享总线资源。因为所有的节点共享一条公用传输线路，所以一次只能有一个设备传输，不允许有两个或以上的节点同时使用总线。总线的带宽成为网络的瓶颈，网络的性能和效率随着网络负载的增加而下降，并且需要采用某种形式的访问控制策略来决定下一次哪一个节点可以发送。

总线型拓扑的优点如下。

- 结构简单、易于扩充。增加新的节点时可在任意节点将其接入。
- 电缆长度短、布线容易。所有的节点连接到一个公共数据通路上，因此只需很短的电缆长度，从而减少了安装费用，易于布线和维护。

总线型拓扑的缺点如下。

- 可靠性差。总线上发生单点故障有可能影响整个网络。
- 故障诊断困难。由于不是集中控制，故障检测须在网上各个节点上进行。
- 网络性能较差。总线的带宽成为网络的瓶颈。

基于以上特点，总线型网络较适用于单向广播型网络，如有线电视网、语音广播网等，在计算机网络中目前使用较少。

2. 环形拓扑

在环形拓扑结构中，各个网络节点连接成环。由于多个设备共享一个环，因此需要对此进行控制，以便决定每个节点在什么时候可以发送数据。这种功能是用分布控制的形式实现的，每个节点都有控制发送和接收的访问逻辑。

环形拓扑的优点如下。

- 结构简单、容易实现。
- 可靠性比总线型拓扑高，单点故障不影响整个网络，只有当环上两个点出现故障时才会导致整个网络瘫痪。
- 所需电缆长度和总线型拓扑相似，但比星形拓扑要短得多。

环形拓扑的缺点如下。

- 网络性能较差。总线的带宽成为网络的瓶颈。
- 容易产生冲突。多个节点同时在环上发送数据时容易产生冲突。

3. 星形拓扑

星形拓扑中有一个中心节点,其他各节点通过点对点线路与中心节点相连,形成辐射型结构,在物理形状上就像是星星。中心节点执行集中式通信控制策略,而各个节点的通信处理负担都很小,一旦建立了通道连接,就能以较高速率在连通的两个节点之间传送数据。星形拓扑结构广泛应用于网络中智能控制集中于中心节点的场合。

星形拓扑的优点如下。

- 便于管理、结构简单、扩展网络容易。增删节点不影响网络的其他部分,因而易于更改,也易于检测和隔离故障。
- 网络性能较高。各条线路可以同时进行数据传输。

星形拓扑的缺点如下。

- 依赖于中心节点。中心节点是网络的瓶颈,一旦出现故障则全网瘫痪,所以对中心节点的可靠性和冗余度要求很高。
- 电缆长度长。每个站点直接和中心节点相连,这种拓扑结构需要大量电缆,安装、维护等费用相当可观。

4. 树形拓扑

树形拓扑可以看作分层的星形拓扑,其特点和星形拓扑类似,比星形拓扑更适合分层管理。如图 1-5 所示的局域网拓扑是一个典型的树形拓扑。

图 1-5 典型的树形拓扑

5. 网状拓扑

网状拓扑节点之间的连接是任意的、无规律的,即任意两个节点之间可以没有、有一条或有多条线路。网状拓扑的优点是系统可靠性高,如果有一条线路发生故障,网络的其他部分仍可正常运行。网状拓扑的缺点是结构复杂、建设费用高、布线困难。通常,网状拓扑用于大型网络系统和公共通信骨干网,如 Internet、无线通信网和物联网等,在局域网中很少使用。图 1-6

所示是物联网中的 ZigBee 传感网，其采用的就是网状拓扑。

图 1-6　ZigBee 传感网

6．混合型拓扑

混合型拓扑由以上两种或多种拓扑结构混合而成。它可以综合多种拓扑结构的优点，使用较多。如图 1-7 所示的拓扑就是由环形拓扑和星形拓扑混合而成的。

图 1-7　混合型校园网拓扑

1.4　网络体系结构

1.4.1　层的概念及作用

在计算机网络中，各个节点之间需要不断地交换数据与控制信息。要做到有条不紊地交换数据，每个节点都要遵守一些事先约定好的规则。这些规则明确地规定了所交换数据的格式和时序。这些为网络数据交换而制定的规则、约定与标准被称为网络协议。

协议是一种通信规约。从广义上说，人们之间的交往就是一种信息交换的过程，人们每做一件事都必须遵循一种事先约好的规定。那么为了保证计算机网络中大量计算机之间正常的数据交换，就必须制定一系列的通信协议。

为了减少协议设计的复杂性，大多数网络都按层（Layer）或级（Level）的方式来组织，每一层都建立在它的下层之上。不同的网络，其层的数量，各层的名字、内容和功能都不尽相同。然而，在所有的网络中，每一层的目的都是向上一层提供一定的服务，而把如何实现这一服务的细节对上一层加以屏蔽。

如何理解分层的作用和必要性，举例来说，通过邮局寄信时，用户将信送到邮局，邮局将信交给运输部门，最终由运输部门负责运输，如图 1-8 所示。这个过程中存在着同层之间的约定和上下层之间的约定。例如，用户之间的约定体现在写信时必须采用双方都懂的语言文字和文体，开头是对方称谓，最后是落款等，这样对方收到信后，才可以看懂信中的内容；寄信人和邮局之间也要有约定，即规定信封写法并贴邮票；邮局和运输部门也有约定，如到站地点、时间、包裹形式等。

图 1-8　邮政系统分层模型

由此例可以看出，系统分层后，每一层都有自己的功能，同层之间有约定，上下层之间有接口。下层是对上一层服务的，相同层之间（在下层的帮助下）就好像直接进行对话。分层的最大好处在于把复杂的事情分解成一个个小问题，使复杂问题简单化。

1.4.2　OSI 七层模型

国际标准化组织于 1977 年成立了专门机构，研究不同网络体系结构互联问题。提出了开放系统互连参考模型，"开放"在这里表示能使任何两个遵守 OSI 模型和有关标准的系统实现互联。分层的原则如下。

1-5
OSI 七层模型

1）每一层应当实现一个定义明确的功能。

2）每一层都为它上面一层提供一些服务，并将该层无法完成的细节交由下一层处理。

3）每层功能的选择应该有助于网络协议的标准化。

4）各层边界的选择应尽量减少跨过接口的通信量。

5）层数应足够多，以避免不同的功能混杂在同一层中，但也不能太多，否则结构就会过于庞大。

OSI 模型共划分为 7 层，从下到上依次为：物理层、数据链路层、网络层、传输层、会话层、表示层和应用层。如图 1-9 所示，图中虚线连接表示同层之间的协议，实线表示数据流。在发送端，数据由应用层逐层传递到物理层；在接收端，数据由物理层逐层传递到应用层。

下面简要介绍各层的功能。

1. 物理层（Physical Layer）

物理层为在物理媒体上建立、维持和终止数据比特流的物理连接提供机械、电气、功能和过程的手段。物理层是 OSI 模型的最底层，也是唯一的实通信层，其他各层的通信都是虚通信。物理层负责在网络上传输数据比特流，即按位进行传输，而不去理会数据的含义或格式。

图 1-9 OSI 七层模型

2．数据链路层（Data Link Layer）

数据链路层通过校验、确认和反馈重发等手段将原始的物理连接改造成可靠的数据链路。数据链路层负责相邻节点间的数据传输，要解决将比特组合成帧（Frame）和差错控制等问题。帧是数据链路层的数据单元，即在数据链路层按帧进行传输。

3．网络层（Network Layer）

网络层是通信子网的最高层次，主要用来解决路由选择、拥塞控制和网络互联等问题。网络层控制着通信子网，所谓通信子网就是实现路由和数据传输所必需的传输介质和交换组件的集合。网络层传输的数据单元称为分组或包（Packet）。典型的网络层协议是互联网协议（Internet Protocol，IP）。

4．传输层（Transport Layer）

传输层提供可靠有效的端到端的网络连接。传输层能根据上层用户提出的传输连接请求，为其建立具有数据分流或线路复用功能的一条或多条网络连接。传输层使会话层不受通信子网更替和技术变化的影响，为双方主机间通信提供了透明的数据通道。因此，传输层是第一个端对端（也就是主机到主机）的层次，从该层起向上各层都称为"高层"，高层协议都是端对端的协议。典型的传输层协议有传输控制协议（Transmission Control Protocol，TCP）和用户数据报协议（User Datagram Protocol，UDP）。

5．会话层（Session Layer）

会话层允许不同主机上各种进程之间进行会话，并提供会话管理的功能，其数据流方向控制模式有 3 种，即单工、半双工和全双工。会话层是发送端进程到接收端进程的层次。

6．表示层（Presentation Layer）

表示层为上层用户提供共同需要的数据语法表示变换，完成数据转换、压缩与解压缩、加密与解密等功能。

7．应用层（Application Layer）

应用层是 OSI 模型的最高层，直接为最终用户服务，能提供包括事务处理、文件传输、电子邮件、远程登录和资源定位等服务在内的各种网络用户服务。

1.4.3 分层数据传输机制

正如寄信时要在信纸外面套上信封并填写地址、邮编等信息后收件人才能收到信一样，数据在发送时必须按照一定的格式在数据前面加上头部，仅仅数据本身是无法在复杂的网络中通行的。数据头部一般包括发送方和接收方信息、数据包长度、数据校验码等信息，并且由于应用层的数据量往往较大（如一个文件或一个视频），如果将其整体作为一个数据包传递的话，一旦网络出现拥挤或堵塞的情况，接收方将无法正确接收，因此往往要将发送的数据分割为若干数据块，再加上头部生成若干个数据包发送，这样生成的数据包大小便于在网络中传输，即使出现个别数据包丢失或接收不正确的情况也不需要将所有的数据重传。

发送方封装数据包的过程如图 1-10 所示，首先将要发送的数据按指定格式分割成若干数据块，然后分别添加头部生成若干数据包并发送。这个过程被称为封装或打包。

图 1-10 封装（打包）

接收方解封装的过程正好相反，即去掉接收到的数据包的头部信息，并将数据块拼接在一起，如图 1-11 所示。

图 1-11 解封装（解包）

在 OSI 模型中，由于整个网络被分成 7 层，数据在发送方从上一层到下一层的每一次传递都需要按照该层的功能及协议的格式要求进行封装，因此一共需要添加 6 个头部信息（即经过 6 次封装）才到物理层。在物理层将所有数据作为比特流按位发送到接收方，接收方经 6 次解封装才能到达最上层，如图 1-12 所示。

通过上述分析，可以总结 OSI 分层数据传输的过程如下。

1）数据在发送方从最上层（应用层）到最下层（物理层）需要经多次封装，最终由物理层传输比特流。接收方从接收到数据后从最下层（物理层）到最上层（应用层）需要经多次解封装。

2）数据包的封装过程是：先将接收到的上层数据分割成一定长度的数据块，再分别添加本层的头部。添加本层头部信息数据的目的是为了完成该层的功能。

3）物理层最终传输的数据中，除了应用层要传输的数据外还有各层的头部信息数据，因此网络实际流量要大于应用层需要传输的数据量。例如，传输一个 1MB 的文件可能引起 3MB 的网络流量。

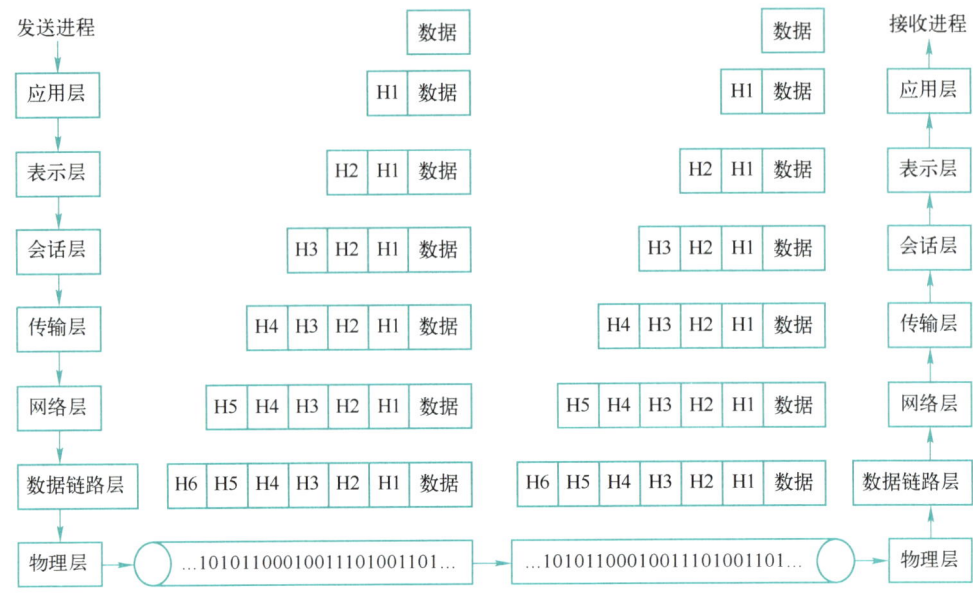

图 1-12　OSI 模型的分层数据传输

思考：

在网络中间节点的网络设备上，数据是从下（底层）往上（高层）传输还是从上（高层）往下（底层）传输？

1.4.4　TCP/IP

OSI 模型是一种理论化的标准，标准的实现被称为协议。目前使用最广泛的协议是 TCP/IP，TCP/IP 实际上是一个协议系列，或称为协议簇，而 TCP 和 IP 是其中的两个最基本、最重要的子协议，因此，通常用 TCP/IP 来代表整个协议系列。对应 OSI 模型的层次结构，并且为了实现的简单性，TCP/IP 将 OSI 模型部分层次的功能合并，合并后共有 4 层：网络接口层、网络层、传输层和应用层，如图 1-13 所示。

图 1-13　TCP/IP 协议簇及其与 OSI 模型的层次对应关系

TCP/IP 各层的简要说明如下。

1. 网络接口层（Network Interface Layer）

网络接口层对应 OSI 模型的物理层和数据链路层，主要实现物理寻址与比特流传输。目前使用较多的协议是 Ethernet（以太网）协议。

2. 网络层（Internet Layer）

网络层对应 OSI 模型的网络层，主要实现路由选择、拥塞控制等。目前使用较多的协议是 IP。

3. 传输层（Transport Layer）

传输层对应 OSI 模型的传输层，主要实现端到端的连接。目前使用较多的协议是 TCP 和 UDP。

4. 应用层（Application Layer）

应用层对应 OSI 模型的上 3 层（应用层、表示层、会话层），主要实现各种网络服务。根据不同的应用功能有不同的应用层协议，目前使用较多的协议包括 HTTP、FTP、Telnet 协议、DHCP 等。

TCP/IP 协议簇中的主要协议如表 1-1 所示。

表 1-1　TCP/IP 协议簇中的主要协议

层　次	协　议	中 文 名 称	作　用
应用层	HTTP	超文本传输协议	实现 HTML 超文本传输
	FTP	文件传输协议	实现两台主机之间文件的传输
	Telnet	远程登录协议	远程登录并控制主机
	DNS	域名解析协议	提供从域名到 IP 地址的转换
	DHCP	动态主机配置协议	管理并动态分配 IP 地址
	SMTP	简单邮件传送协议	用于发送和传输邮件
	POP/POP3	邮局协议	用于接收邮件
传输层	TCP	传输控制协议	提供可靠的、面向连接的端到端传输
	UDP	用户数据报协议	提供不可靠的、无连接的端到端传输
网络层	IP	互联网协议	提供点到点的数据传输
	ICMP	互联网控制报文协议	用于传输差错及控制报文
	ARP	地址解析协议	将 IP 地址转换为物理地址
	RARP	逆向地址解析协议	将物理地址转换为 IP 地址
网络接口层	Ethernet	以太网协议	实现 CSMA/CD 和 MAC 寻址
	Token Ring	令牌环网协议	实现令牌环介质访问
	FDDI	光纤分布式数据接口协议	实现光纤分布式网
	PPP	点到点协议	实现点到点链路的数据传输
	SLIP	串行线路网际协议	通过电话线与调制解调器接入网络

1.5 应用案例

案例描述：

公司在工业园区盖了两栋楼（A 楼和 B 楼），即将搬迁，公司领导交给小朱一项任务：设计合理的网络拓扑。已知 A 楼中有行政部（50 台计算机）、销售部（50 台计算机）、研发部（100 台计算机）以及一台服务器，B 楼中有生产部（500 台计算机）。

案例分析：

在拓扑结构选择方面，如采用总线型结构，则数百台计算机使用同一总线，网络性能较差；如果采用环形拓扑，则安全性不高，任何一台主机发生故障都可能使一个网段出现故障；如果使用星形拓扑，则中心节点负担过重，且需要一个数百端口的交换机，而一般交换机上只有几十个端口；如果采用网状结构，又不便于管理且容易产生环路。

经过以上分析，应选择树形拓扑，其优点主要如下。

- 组网方便，可以分层组网。
- 中心交换设备可提高网络性能。
- 便于管理和维护。

解决方案：

小朱设计的拓扑图如图 1-14 所示。整个网络采用树形结构连接各网络设备和主机。

图 1-14 公司网络拓扑

1.6 本章小结

计算机网络可以划分为通信子网和资源子网，主要由网络终端、网络设备、通信介质、网络协议、网络系统软件等组成。一般将计算机网络按照覆盖范围分为局域网、广域网和城域网；按拓扑结构分为总线型拓扑、环形拓扑、星形拓扑、树形拓扑、网状拓扑和混合型拓扑等。

计算机网络由于其功能的复杂性，需要按照其功能进行层次化的结构设计，不同层的功能相对独立，上下层之间留有接口。国际标准化组织为了将网络结构标准化以便网络互连，定义了 OSI 七层模型。OSI 模型仅仅定义了模型和标准，并没有涉及具体的实现方式。而 TCP/IP 参考 OSI 模型实现了各层的功能，并得到了广泛的应用，成为实际的工业标准。

习题

一、选择题

1. 所有终端共享传输链路和带宽的拓扑结构是（　　）。
   A．总线型拓扑　　　B．星形拓扑　　　C．树形拓扑　　　D．网状拓扑
2. 树形拓扑结构是一种分层的（　　）。
   A．总线型拓扑　　　B．环形拓扑　　　C．星形拓扑　　　D．网状拓扑
3. Internet 属于（　　）。
   A．总线型拓扑　　　B．环形拓扑　　　C．星形拓扑　　　D．网状拓扑
4. 下列关于层的描述错误的是（　　）。
   A．同层间有接口　　　　　　　　　B．上下层间有接口
   C．每一层有相对独立的功能　　　　D．下层为上层提供服务
5. 下列关于 OSI 模型和 TCP/IP 的说法错误的是（　　）。
   A．定义 OSI 模型和 TCP/IP 的目的都是为了实现网络的正常工作以及不同网络的互联
   B．OSI 模型定义了每一层应完成的功能，TCP/IP 定义了每一层功能的实现方法
   C．OSI 模型相对抽象，TCP/IP 相对具体
   D．OSI 模型分成 4 层，TCP/IP 分成 7 层
6. 下列关于 OSI 模型分层数据传输机制的说法错误的是（　　）。
   A．发送方数据从顶层到底层，接收方数据从底层到顶层
   B．发送方应用层发送的数据量和发送方物理层传输的数据量一致
   C．发送方应用层发送的数据量和接收方应用层接收的数据量一致
   D．只有物理层向接收方传输了数据，其余各层仅完成上下层之间的封装和解封装
7. 下列关于数据封装和解封装的说法错误的是（　　）。
   A．发送方按照一定格式封装数据，接收方按照一定格式解封数据
   B．在分层体系中，数据从顶层到底层的过程中要被封装多次
   C．封装时，上层的数据成为下层的头部
   D．上层的一个数据包有可能被封装成下层的多个数据包
8. 数据包的头部中一般不包括（　　）。
   A．地址信息　　　B．校验码　　　C．数据包长度信息　　　D．上层数据
9. TCP/IP 的应用层不包括 OSI 模型的（　　）。
   A．网络层　　　B．会话层　　　C．表示层　　　D．应用层
10. 选择 OSI 模型各层的主要功能：
    物理层（　　）、数据链路层（　　）、网络层（　　）、传输层（　　）、会话层（　　）、表示层（　　）、应用层（　　）。
    A．提供端到端的可靠或不可靠传输
    B．实现人机接口，提供用户服务

C．提供物理地址寻址、差错控制等功能，实现点到点的成帧传输

D．定义信道的机械、电气、功能等特性，传输比特流

E．数据表示，压缩与解压缩，加密与解密等

F．路由选择，拥塞控制，网络互联

G．管理进程间的会话

二、简答题

1. 什么是通信子网和资源子网？
2. 常见的网络拓扑结构有哪些？
3. 什么是网络协议？为什么设计网络协议时要进行分层设计？
4. 简述 OSI 模型和 TCP/IP 的联系和区别。

第 2 章 物理层

知识目标

1. 了解物理层的作用和数据通信模型
2. 掌握常见网络通信介质及其特点
3. 理解数字信号和模拟信号的区别,理解数据编码技术
4. 了解数据传输相关技术

能力目标

结合本章案例,能够根据用户需求进行通信介质的选择和设计

素质目标

1. 通过学习差错产生、发现及纠正的过程,懂得在学习与工作中要"三省吾身"的道理,及时发现自身问题,并分析和解决问题
2. 结合本章实训,熟悉网络布线系统工作流程中的操作规范,提升工具安全使用、线路规范安装、错误及时处理等各项素质

建议实训

实训 1:双绞线制作
实训 2:串行通信技术

1+X 要求

1. 能够熟练使用各种网络常用线缆,了解其规格,并理解其功能
2. 能够熟悉机柜线缆走线规范,按规范完成线缆连接,并能根据现场实际情况,按规则进行线缆部署的灵活调整

2.1 物理层概述

2.1.1 物理层的作用

物理层是计算机网络OSI 模型中的最底层,物理层的作用是在物理介质上传输信号,并尽可能使对方能够正确地接收信号。因此,物理层规定了传输数据所需要的物理链路的创建、维持、拆除等规程,并提供具有相关介质和设备的机械特性、电气特性、功能特性和过程特性。

简单地说，物理层确保原始的数据可在各种物理媒体上传输。为数据传输提供可靠的环境。物理层并不仅仅指物理介质，还包括了信号及传输技术（即如何在介质上传输信号）。

2.1.2 数据通信基本模型

数据通信系统的基本结构可以用一个简单的通信模型来表示。产生和发送信息的一端叫信源，接收信息的一端叫信宿。信源与信宿通过通信线路进行通信。在数据通信系统中，也将通信线路称为信道。理想状态的通信模型如图 2-1 所示。

图 2-1 理想状态的通信模型

在理想状态下，数据从信源发出到信宿接收，不会出现问题，但实际的情况并非如此。由于实际数据通信系统的信道中存在噪声，传送到信道上的信号在到达信宿之前可能会受干扰而出错，如图 2-2 所示。因此，为了保证在信源和信宿之间能够实现正确的信息传输与交换，除了使用一些克服干扰以及差错的检测和控制方法外，还要借助于其他各种通信技术来解决这个问题，如调制、编码、复用等，而不同的通信系统所涉及的技术也有所不同。

图 2-2 实际状态的通信模型

2.2 通信介质

通信介质是网络中信息传输的载体，其性能特点对传输速率、传输距离、传输可靠性、可连接的网络节点数目等都有很大的影响，必须根据不同的通信要求，合理地选择通信介质。

2.2.1 有线介质

1. 双绞线

由若干对双绞线缆（一般为 4 对）及外包保护套组成。两根绝缘的金属导线扭在一起形成双绞线，如图 2-3 所示。将线对扭在一起可减少相互间的电磁干扰。

2-2 双绞线简介

双绞线分为 STP（Shielded Twisted Pair，屏蔽双绞线）和 UTP（Unshielded Twisted Pair，非屏蔽双绞线）。非屏蔽双绞线易弯曲、易安装，价格较低，使用较为广泛，但非屏蔽双绞线中的传输信号可以被特殊设备截获，且有效传输距离一般仅为 100m；屏蔽双绞线在双绞线与外层绝缘封套之间有一个金属屏蔽层，屏蔽层可减少辐射，也可阻止外部电磁干扰的进入，因此在安全性要求更高的场合会使用屏蔽双绞线。

EIA 为双绞电缆定义了多种质量级别，目前常用的是超五类线（CAT5e）和六类线（CAT6）。

其中超五类线的传输速率为 100Mbit/s，常用于百兆位以太网；六类线的传输速率为 1000Mbit/s（4 对线中两对用于发送数据，两对用于接收数据，每根线可传输 250Mbit/s），常用于千兆位以太网。

图 2-3 双绞线

思考：
双绞线适用于楼宇内部的布线还是楼宇间的布线，为什么？

2. 光纤

光纤是光导纤维的简称，人们采用二氧化硅等原料以特别的工艺将其拉制成直径比头发丝直径还小的光纤芯。光纤主要由光纤芯、包层和涂覆层三部分组成，其结构如图 2-4 所示，最里面的是光纤芯（折射率高）；包层（折射率低）将光纤芯围裹起来，使光纤芯与外界隔离，以防止与其他相邻的光导纤维相互干扰；包层的外面涂覆一层很薄的涂覆层。

光纤传输的是光信号而非电信号。它使用光脉冲形成的数字信号进行通信，有光脉冲相当于 1，没有光脉冲相当于 0。由全反射原理可知，光脉冲很容易沿光纤线路传输，光纤内部全反射原理说明了当入射角超过临界值时，光就不能从玻璃中溢出；相反，光纤会反射回玻璃内，如图 2-5 所示。

图 2-4 光纤结构　　　　　　　　　　图 2-5 光信号传输

根据光在光纤中的传输模式，可将光纤分为单模光纤（Single-Mode Fiber）和多模光纤（Multi-Mode Fiber）。这里的"模"是指以一定角速度进入光纤的一束光。

单模光纤在给定的工作波长上只能以单一模式传输，光信号可以沿着光纤的轴向传播，如图 2-6a 所示，光信号的损耗很小，离散也很小，传播距离较远，完全避免了模式色散，使得单模光纤的传输频带很宽，因而适用于大容量、长距离的光纤通信。单模光纤的工作波长通常为 1310nm，传输距离可达 100km。

多模光纤是在给定的工作波长上，能以多个模式同时传输的光纤。形成模分散，如图 2-6b 所示，由于色散或像差，传输性能较差，频带较窄。多模光纤的工作波长通常为 850nm，传输距离一般小于 5km。

图 2-6 单模光纤和多模光纤

a) 单模光纤　b) 多模光纤

由于光纤细微且易折断，一般放置在光缆中使用。光缆由光纤芯、包层和护套组成，如图 2-7 所示。根据光缆中光纤芯的数量分，可以将光缆分为单芯光缆和多芯光缆，图 2-7 所示的是多芯光缆。由于单芯光缆不能实现全双工（同时双向）传输，因此计算机网络中大多采用多芯光缆。

光缆终端一般使用光缆终端盒熔接并固定，如图 2-8 所示，将光缆固定，光缆终端盒的作用和我们日常生活中的墙壁电源插座类似，是一个固定装置并留有接口。在光缆终端盒中将光缆里的每一根光纤芯分别熔接和光纤尾纤相连。

图 2-7 光缆　　　　　　　　图 2-8 光缆终端盒

光纤一般用于数字信号的长距离传输，但由于计算机、交换机、路由器等设备和终端最终处理的是电信号，因此光纤接入电子设备时还需要进行光电转换，常见的光电转换设备包括光纤收发器、光模块、光纤网卡等。

（1）光纤收发器

光纤收发器价格便宜，使用方便，一般有一对光口和一个电口，可以实现光信号和电信号的相互转换，连接方式如图 2-9 所示。

图 2-9 光纤收发器连接示意图

图 2-10 所示的是一台常见的千兆位以太网光纤收发器，其左侧为光口，可插入光纤尾纤；右侧为电口，可插入双绞线；光口和电口之间的指示灯可以指示连接状态和传输速率。

（2）光模块

光模块（图 2-11）也可以实现光电转换，但光模块不能单独使用，必须插入支持光模块的设备，如带光口的交换机（图 2-12）。和光纤收发器相比，光模块+带光口交换机的方案价格较高，但可以实现多路光电信号的转换和交换，稳定性也更高。

图 2-10　光纤收发器　　　　图 2-11　光模块　　　　图 2-12　带光口的交换机

（3）光纤网卡

随着光纤入户接入方式的推广，越来越多的光纤进入家庭和办公室。如要将光纤直接接入计算机终端，可以在计算机上安装光纤网卡取代双绞线网卡，如图 2-13 所示。

图 2-13　光纤网卡

2-4 同轴电缆

3. 同轴电缆

同轴电缆由铜芯、绝缘层、屏蔽层和保护层组成，如图 2-14 所示。这种结构中的金属屏蔽网可防止中心导体向外辐射电磁场，也可用来防止外界电磁场干扰中心导体的信号，因而具有很好的抗干扰特性。

图 2-14　同轴电缆

同轴电缆按带宽分为两类：基带同轴电缆，用于直接传输离散变化的数字信号，阻抗为 50Ω；宽带同轴电缆，用于传输连续变化的模拟信号，阻抗为 75Ω。

早期同轴电缆曾广泛用于总线型局域网，但由于目前计算机网络多为星形结构，且相对于双绞线来说同轴电缆造价较高、安装较复杂，因此在计算机网络中已很少使用同轴电缆。目前同轴电缆主要用于有线电视、语音广播等单向总线型网络。

2.2.2 无线介质

无线介质包括无线电波、红外线、微波和激光等，它们无须架设或铺埋通信介质，且允许终端设备在一定范围内移动。

2-5
无线介质

1. 无线电波

大气中的电离层是具有离子和自由电子的导电层。无线电波通信就是利用地面的无线电波通过电离层的一次或多次反射，而到达接收端的一种远距离通信方式。无线电波广泛用于室内通信和室外通信。由于无线电波传播距离很远，并很容易穿过建筑物，而且可以全方向传播，使得无线电波的发射和接收装置不必精确对准。例如，常见的 Wi-Fi、蓝牙、GPS 等都使用无线电波进行通信。

2. 红外线

红外线通信在发送端设有红外线发送器，接收端要有红外线接收器。红外线的频率在 300～200 000GHz。使用红外线进行通信具有以下优点：收发信机体积小、重量轻、价格低，红外线的频率范围比较灵活，不受各个国家和地区输出的限制。缺点是距离较短且不允许有障碍物。例如，遥控器一般都使用红外线进行传输。

3. 微波

微波是一种具有极高频率（通常为 300MHz～300GHz）、波长很短的电磁波。在微波频段，由于频率很高，电波的绕射能力弱，因此微波的信号传输一般限定在视线距离内的直线传播。微波具有传播较稳定、受外界干扰小等优点。但在传播过程中，难免受到影响而引起反射、折射、散射和吸收现象，产生传播衰减和传播失真。例如，无线广播电视、军事雷达、卫星系统一般都使用微波进行通信。

4. 激光

激光通信是利用激光束调制成光脉冲来传输数据。激光通信只能传输数字信号，不能传输模拟信号。激光通信必须配置一对激光收发器，而且要安装在可视范围内。激光的频率比微波高，可以获得较高带宽，激光具有高度的方向性，因而难以被窃听和干扰。缺点在于激光源会发出少量射线污染环境，所以只有通过特许后才能安装。

2.3 信号及其编码

2-6
信号及其编码

2.3.1 信息、数据和信号

信息（Information）是人们对现实世界事物存在方式或运动状态的某种认识。信息的表示形式多种多样，可以是数值、文字、图形、声音、图像和动画等，这些信息的表现形式通常被称为数据。所以数据可以定义为把事物的某些属性规范化后的表现形式，它能被识别，也可以被描述，如十进制数、二进制数、字符、图像等。

数据（Data）的概念包括两个方面：其一，数据内容是事物特性的反映或描述；其二，数据以某种介质作为载体，即数据是存储在介质上的。显然，数据和信息的概念是相对的，甚至有时可以将两者等同起来。数据可以分为模拟数据和数字数据两种。模拟数据取连续值，如表示声音、图像、电压、电流等的数据；数字数据取离散值，如自然数、字符文本的取值都是离散的。例如，字母 A 的 ASCII 码是 01000001，这类文字编码属于数字数据。

信号（Signal）是数据的具体物理表现，具有确定的物理描述，如电压、磁场强度等。信号可以是模拟的，也可以是数字的。

1）模拟信号是在一定的数值范围内可以连续取值的信号，是一种连续变化的电信号，其取值可以是无限多的，如语音信号；这种信号可以按照不同频率在各种不同的介质上传输。模拟信号的特点是直观、容易实现，但保密性和抗干扰能力差。

2）数字信号是一种离散的脉冲序列，它取几个不连续的物理状态来代表数字，其取值是有限的。最简单的离散数字是二进制数字 0 和 1，它们分别由信号的两个物理状态（如低电平和高电平）来表示。利用数字信号传输的数据，在受到一定限度内的干扰后是可以被恢复的。

模拟信号和数字信号的波形图如图 2-15 所示。

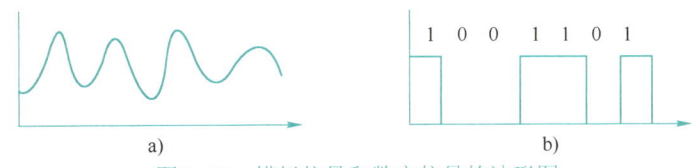

图 2-15　模拟信号和数字信号的波形图
a) 模拟信号（连续）　b) 数字信号（离散）

由于在计算机网络中传输的基本都是数字信号，因此本章主要介绍数字信号相关的编码技术和传输技术。模拟信号和数字信号的转换可以参考第 2.4.4 节。

2.3.2　数据编码技术

数据编码分为数字数据编码和模拟数据编码。其中使用较多的是数字数据编码。数字数据编码是指将不同数字信号（二进制中为 0 和 1）转换为不同的电信号的过程。

数字数据在传输之前需要进行数字编码。编码技术要考虑到编码的抗干扰性、易同步性、易纠错性等。常用的数字数据编码方式主要有不归零编码、曼彻斯特编码和差分曼彻斯特编码 3 种。数字数据 011101001 采用这 3 种编码方式后，它的编码波形如图 2-16 所示。

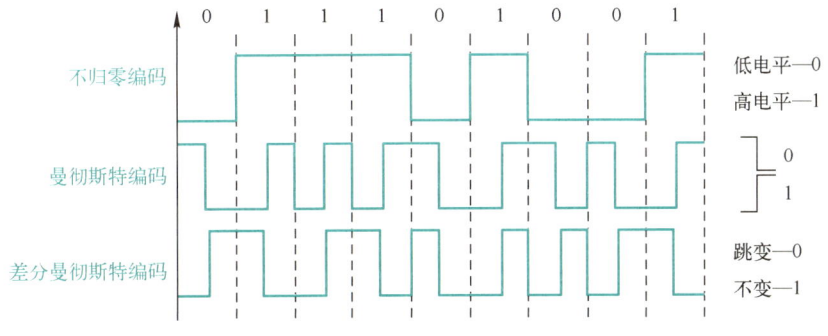

图 2-16　采用 3 种常用的数字数据编码方式后的编码波形

1. 不归零编码

不归零（Non-Return to Zero，NRZ）编码可以用负电平表示逻辑"1"，用正电平表示逻辑"0"，反之亦然。不归零编码的缺点是发送方和接收方不能保持同步，须采用其他方法才能保持收发同步。

2. 曼彻斯特编码

曼彻斯特（Manchester）编码是目前应用最广泛的编码方法之一。其特点是每一位二进制信号的中间都有跳变，若从低电平跳变到高电平，就表示数字信号"1"；若从高电平跳变到低电平，就表示数字信号"0"。

曼彻斯特编码的优点是每一比特中间的跳变可以作为接收端的时钟信号，以保持接收端和发送端之间的同步。

3. 差分曼彻斯特编码

差分曼彻斯特（Difference Manchester）编码是对曼彻斯特编码的改进。其特点是每一位二进制信号的跳变依然提供收、发端之间的同步，但每位二进制数据的取值根据其开始边界是否发生跳变来决定，若一比特开始处存在跳变，则表示"0"，无跳变则表示"1"。

2.4 数据传输技术

2.4.1 信道通信方式

1. 单工通信

单工通信是指通信信道是单向信道，信号仅沿一个方向传输，发送方只能发送不能接收，接收方只能接收而不能发送，任何时候都不能改变信号传送方向，如图2-17所示。例如，无线电广播和电视等都属于单工通信。

图2-17 单工通信

2. 半双工通信

半双工通信是指信号可以沿两个方向传送，但同一时刻一个信道只允许单方向传送，即两个方向的传输只能交替进行。改变传输方向要通过开关装置进行切换，如图2-18所示。半双工信道适合于会话式通信，例如，公安系统使用的"对讲机"和军队使用的"步话机"等。

图2-18 半双工通信

3. 全双工通信

全双工通信是指数据可以同时沿相反的两个方向进行双向传输，如图 2-19 所示。例如，电话机通话、计算机网络通信等。

图 2-19 全双工通信

2.4.2 信道分类

根据数字信号信道每个时钟周期发送和接收的比特数量通常分为串行通信信道和并行通信信道。

1. 串行通信信道

串行通信是指数据比特流以串行方式一位一位地在信道上传输的方式，每次传输一位。串行通信的优点是收、发双方只需要一条传输信道，易于实现，成本低；缺点是传输速率比较低。常见的串行通信信道包括计算机接口中的 USB 口、串口（Com 口）以及远程通信中的光纤等。

2. 并行通信信道

并行通信是指数据比特流以成组的方式在并行信道上同时进行传输的方式，一次可以传输多位。并行通信的优点是速度快，缺点是发送端与接收端之间需要并行线路，费用高，适用于近距离和高速率的通信。常见的并行通信信道包括计算机内部的 PCI 总线、IDE 总线、计算机接口中的并口（LPT 口）等。

2.4.3 信道多路复用技术

信道多路复用指的是利用一个物理信道同时传输多个信号，以提高信道利用率，使一条线路能同时由多个用户使用而互不影响。多路复用器连接多条低速线路，并将它们的传输容量组合在一起之后，在一条速度较高的线路上传输。在长途通信中，一些高容量的同轴电缆、地面微波、卫星设施以及光缆可传输的频率带宽很宽，为了高效合理地利用资源，通常采用多路复用技术。

2-9
信道多路复用技术

多路复用技术采用多路复用器将来自多个输入电路的数据组合调制成一路复用数据，并将此数据信号送上高容量的传输线路；多路复用器接收复用的数据流，依照信道分离还原为多路数据，并将它们送到适当的输出电路，如图 2-20 所示。

图 2-20 多路复用技术

目前主要有以下 4 种信道多路复用方式：频分多路复用（Frequency Division Multiplexing，FDM）、时分多路复用（Time Division Multiplexing，TDM）、波分多路复用（Wave-length Division Multiplexing，WDM）和码分多路访问（Code Division Multiple Access，CDMA）。

1．频分多路复用

频分多路复用就是将物理信道的总带宽分割成若干个与传输单个信号带宽相同或略宽一点的子信道，每一个子信道传输一路信号。多路的原始信号在频分复用前，首先要通过频谱搬移技术，将各路信号的频谱搬移到物理信道频谱的不同段上，这可以通过频率调制时采用不同的载波来实现。

频分多路复用的典型例子有许多。例如，无线电广播、无线电视中将多个电台或电视台的多组节目对应的声音、图像信号分别载在不同频率的无线电波上，同时在同一无线空间中传播，接收者根据需要接收特定频率的信号来收听或收看。

2．时分多路复用

时分多路复用是按传输信号的时间进行分割的。它使不同的信号在不同时间内传送，既将整个传输时间分为许多时间片，又称为时隙，每个时间片被一路信号占用。电路上的每一短暂时刻只有一路信号存在。因为数字信号是有限个离散值，所以时分多路复用技术广泛应用于包括计算机网络在内的数字通信系统，而模拟通信系统的传输一般采用频分多路复用。

3．波分多路复用

波分多路复用技术是在一根光纤中能同时传播多个波长不同的光载波复用技术。通过波分多路复用可以使原来只能传输一个光载波的单一光信道，变为可传输多个不同波长光载波的光信道，使光纤的传输能力成倍增加。波分多路复用的原理如图 2-21 所示，在发送端将不同波长的光信号组合起来，复用到一根光纤上，在接收端又将组合的光信号分开（解复用），并送入不同的终端。

图 2-21　波分多路复用原理

波分多路复用是频分多路复用在光信号信道上的一种变种。两者的原理是类似的，只不过波分多路复用应用于光信号，频分多路复用应用于电信号。

4．码分多路访问

码分多路访问为每个用户分配各自特定的地址码。地址码之间具有相互准正交性，各个码型互不重叠，通信各方之间不会相互干扰，且抗干扰能力强。每个用户可在同一时间使用同样的频带进行通信，并且把其他使用者发出的信号视为杂讯。

码分多路访问技术主要用于无线移动通信系统，不仅可以提高通信的话音质量、数据传输的可靠性和减少干扰对通信的影响，而且可以增大通信系统的容量。第三代数字无线通信系统

（简称 3G）的三大标准 WCDMA、CDMA2000、TD-SCDMA 均基于码分多路访问技术，中国联通、中国电信、中国移动分别采用以上标准建立了 3 个覆盖全国的 3G 无线通信网络，目前仍处于商业运营中。

2.4.4 数据调制技术

在发送端将数字信号变换成模拟信号的过程称为调制（Modulation），调制设备就称为调制器（Modulator）。在接收端将模拟信号还原成数字信号的过程称为解调（Demodulation），解调设备就称为解调器（Demodulator）。若进行数据通信的发送端和接收端以双工方式进行通信时，就需要一个同时具备调制和解调功能的设备，称为调制解调器（Modem），这一过程如图 2-22 所示。

图 2-22　计算机通过调制解调器进行通信

早期计算机网络还未普及的时候，用户会使用公共电话网或有线电视网上网，就需要使用调制解调器。目前由于计算机网络的普及，传输电信号的调制解调器已很少使用。

但随着光纤到户的逐渐普及，需要将终端计算机的电信号调制成光信号，因此需要使用光调制解调器（俗称光猫），这一过程如图 2-23 所示。和光纤收发器相比，光调制解调器不仅可以进行光电信号的转换，还可以进行局域网和广域网的协议转换。

图 2-23　计算机通过光调制解调器进行通信

2.4.5 差错控制技术

1. 差错的产生

根据数据通信系统的模型，当数据从信源端发出后，经过通信信道传输时，由于信道内存在一些噪声干扰，当数据到达信宿端后，接收的信号实际上是数据信号和噪声信号的叠加。接收端在采样时钟作用下接收数据，并根据阈值电平判断信号电平。如果噪声对信号的影响非常大，就会造成数据的传输错误，图 2-24 所示为差错的产生过程。

通信信道中的噪声分为热噪声和冲击噪声。热噪声是由传输导体的电子热运动产生的，其主要特点是：时刻存在，幅度小，干扰强度与频率无关，频谱很宽。热噪声属于随机噪声，由它引起的差错属于一种随机差错。冲击噪声是由外界电磁干扰引起的，其主要特点是：冲击噪声的幅度较大，持续时间与数据传输中每比特的发送时间相比可能较长。冲击噪声引起的相邻多个数据位出错，呈突发性，由它引起的传输差错称为突发差错。

2. 差错的控制

目前，差错控制常采用冗余编码来检测和纠正信息传输中产生的错误，即在发送端把要发送的有效数据和使用某种规则产生的冗余码一起发送，当信息到达接收端后，再按照相应的校验规则检验收到的信息是否正确。

图 2-24　差错的产生过程

冗余编码分为差错检测编码和差错纠错编码两类。
- 差错检测编码可以检测出编码是否发生错误，但不能纠正错误（此时可以要求发送方重新发送）。常用的差错检测编码有奇偶校验码、水平垂直奇偶校验码、循环冗余码等。
- 差错纠错编码可以检测并纠正发生的错误。常用的差错纠错编码有汉明码和卷积码等。

下面仅对奇偶校验码和循环冗余码的使用进行简单介绍。

（1）奇偶校验码

奇偶校验码是一种通过增加冗余位使得码字中"1"的个数恒为奇数或偶数的编码方法。采用奇偶校验码时，在数据传输之前，先检测并计算出数据位中"1"的个数（奇数或偶数），并根据使用的是奇校验还是偶校验来确定奇偶校验位，然后将其附加在数据位之后进行传输。当接收端接收到数据后，重新计算数据位中"1"的个数，再通过奇偶校验就可以判断出数据是否出错。

举例来说，假设要传输的数据为 01001011101，若采用奇校验，由于目前数据中 1 的个数为 6（偶数），所以校验位为 1，使 1 的个数为奇数个，将数据和校验位 010010111011 一起发送。若在数据传输过程中发生差错，其中某一位由 0 变为 1 或者由 1 变为 0，那么 1 的个数就变为偶数个，从而发现错误产生。

奇偶校验码比较简单，被广泛应用于异步通信中。另外，奇偶校验码只能检测单个比特出错的情况，而当两个或两个以上的比特出错时，它就无能为力了。

（2）循环冗余码

循环冗余码（Cyclic Redundancy Code，CRC）是一种较为复杂的检验方法，采用多项式编码方法，被处理的数据块可以看作是一个高阶二进制多项式，例如，1010111 对应的多项式为

$x^6+x^4+x^2+x+1$。采用 CRC 校验时，发送方和接收方用同一个生成多项式 $g(x)$，并且 $g(x)$ 的首位和最后一位的系数必须为 1，发送方以 $g(x)$ 去除原始数据，得到余数作为 CRC 校验码和原始数据一起发送。校验时，以计算的校正结果是否为 0 为依据，判断数据帧是否出错。

例如，假设要传输的数据为 11100011，生成多项式 $g(x)=x^5+x^4+x+1$（即 110011），因为最高次幂是 5，所以在原始数据后补 5 个 0，变为 1110001100000。用 1110001100000 除以 110011，余数为 11010，即为所求的冗余位。因此发送出去的 CRC 数据为原始数据 11100011 末尾加上冗余位 11010，即 1110001111010。接收端收到 CRC 数据后，采用同样的方法验证，即将 CRC 数据除以 $g(x)$，发现余数是 0，则认为数据在传输过程中没有出错。

如果生成多项式 $g(x)$ 选择得当，则 CRC 是一种很有效的差错校验方法。理论上可以证明循环冗余校验码的检错能力有以下特点。

- 可检测出所有奇数个错误。
- 可检测出所有双比特的错误。
- 可检测出所有小于等于校验位长度的连续错误。
- 可以相当大的概率检测出大于校验位长度的连续错误。

2.4.6 数据通信技术指标

1. 数据通信速率（传输速率）

2-11
数据通信技术指标

传输速率是指数据在信道中传输的速度，它分为码元速率和信息速率两种。

码元速率（R_B）：每秒传送的码元数，单位为波特/秒（Baud/s）。在模拟通信系统中，一个码元就是一个波形。在数字通信系统中，由于数字信号是用离散值表示的，因此，一个码元就是一个离散值。

信息速率（R_b）：每秒传送的信息量，单位为比特/秒（bit/s 或 bps），又称为比特率。对于一个用二进制表示的信号（2 级电平），每个码元包含 1 比特信息，其信息速率与码元速率相等；对于一个用四进制表示的信号（4 级电平），每个码元包含了 2 比特信息，因此其信息速率应该是码元速率的两倍。

一般来说，对于采用 M 进制信号传输信号时，信息速率和码元速率之间的关系是：

$$R_b = R_B \log_2 M$$

2. 误码率和误比特率

误码率是指码元在传输过程中，错误码元占总传输码元的概率。在二进制传输中，误码率也称为误比特率。

误码率 P_e=传输出错的码元数/传输的总码元数

误比特率 P_b=传输出错的比特数/传输的总比特数

在理解误码率定义时应注意：对于一个实际的数据传输系统，不能笼统地要求误码率越低越好，要根据实际传输要求提出误码率指标。对于同一信道，误码率要求越低，数据传输系统设备越复杂，造价越高。例如，电话线路的传输速率为 300~2400bit/s 时，平均误码率为 $10^{-6} \sim 10^{-2}$；传输速率为 4800~9600bit/s 时，平均误码率为 $10^{-4} \sim 10^{-2}$。而计算机通信的平均误码率要求低于 10^{-9}。普通通信信道如不采取差错控制技术是不能满足计算机通信要求的。

3. 信道带宽与信道容量

信道带宽是指信道中传输的信号在不失真的情况下所占用的频率范围，单位用赫兹（Hz）表示。信道带宽是由信道的物理特性所决定的。例如，电话线路的频率范围为 300～3400Hz，它的带宽范围也为 300～3400Hz。

信道容量是指单位时间内信道上所能传输的最大比特数，用比特率（bit/s）表示。通常，信道容量和信道带宽具有正比关系，带宽越大，容量越高，所以要提高信号的传输率，就要有足够的信道带宽。从理论上看，增加信道带宽是可以增加信道容量的，但实际上信道带宽的无限增加并不能使信道容量无限增加，因为在实际使用中，信道中存在噪声或干扰，制约了带宽的增加。

4. 频带利用率

在比较不同的通信系统的效率时，只看它们的传输速率是不够的，还要看传输过程所占用的频带，所以真正用来衡量数据通信系统信息传输效率的指标应该是单位频带内的传输速率，记为 η：

$$\text{频带利用率 } \eta = \text{传输速率}/\text{占用频带带宽}$$

公式中的单位为比特/(秒·赫兹)[bit/(s·Hz)]。例如，某数据通信系统，其比特率为 9600bit/s，占用频带为 6kHz，则其频带利用率 $\eta=1.6$[bit/(s·Hz)]。

2.5 应用案例

案例描述：

公司在工业园区盖了两栋楼（A 楼和 B 楼），即将搬迁，已知网络拓扑如图 1-14 所示，公司领导交给小朱一项任务：选择合适的通信介质组成局域网并接入 Internet。

案例分析：

目前的星形/树形局域网主要采用光纤和双绞线。双绞线成本较低且安装简单，但由于非屏蔽双绞线的传输距离只有 100m，因此当网络设备间距离大于 100m 时，应使用光纤；并且双绞线也不能进入地下管井，因为当被水长时间浸泡后，双绞线中的金属材质会被水腐蚀，而光纤则可以进入地下管井。

解决方案：

整个网络采用树形结构连接各网络设备和主机。增加了传输介质选择的网络拓扑如图 2-25 所示。

1）由于路由器 A 和路由器 B 之间距离超过 100m 且线路需要经过地下管井，因此采用光纤连接。

2）防火墙出口采用运营商提供的光纤专线接入 Internet。

3）其余线路在楼宇内部且距离小于 100m，采用超五类非屏蔽双绞线。

图 2-25　增加了传输介质选择的网络拓扑

2.6　本章小结

物理层定义传输介质以及信号如何在介质上进行传输。常见的有线传输介质包括双绞线、光纤、同轴电缆；常见的无线传输介质包括无线电波、红外线、微波、激光。在信号传输到信道之前，需要经过编码、调制等过程；信道在传输信号时，往往需要在一个信道上传输多路信号，因此又需要使用多路复用技术；此外，为了保证信号传输的正确性，还需要使用差错控制技术进行数据的校验。

习题

一、选择题

1. 非屏蔽双绞线的传输距离约为（　　）。
   A．10m　　　　B．50m　　　　C．100m　　　　D．1000m
2. 和非屏蔽双绞线相比，屏蔽双绞线的优点是（　　）。
   A．价格便宜　　B．抗干扰性强　　C．易弯曲，易安装　　D．传输速率高
3. 不可以实现光电转换的设备是（　　）。
   A．光纤收发器　　B．光纤终端盒　　C．光模块　　D．光纤网卡
4. 下列通信介质中，传输速率最高的是（　　）。
   A．双绞线　　　B．同轴电缆　　C．光纤　　　　D．无线电波
5. 音响系统中的音频线采用（　　）通信方式。
   A．单工　　　　B．半双工　　　C．双工　　　　D．其他
6. 数字数据编码的作用不包括（　　）。
   A．将0、1用不同的信号表示　　　B．减少信道中的干扰

C．使接收方能识别不同的信号并同步　　　D．防止数据在传输过程被窃听

7．实现数字信号和模拟信号互相转换的设备是（　　）。

　　A．信源　　　　　B．编/解码器　　　C．调制解调器　　　D．报文交换设备

8．调频收音机可以在无线电波中同时传输多个电台信号，采用的是（　　）技术。

　　A．频分多路复用　B．时分多路复用　　C．波分多路复用　　D．码分多路访问

9．二进制信号串 01100010 的偶校验码为（　　）。

　　A．0　　　　　　B．1　　　　　　　C．2　　　　　　　D．3

10．某声音传输系统每秒传输 100 个声音信号码元，传输声音码元的电平分为 256 级，则该系统的数据传输率为（　　）bit/s。

　　A．100　　　　　B．356　　　　　　C．800　　　　　　D．25600

二、简答题

1．常用的有线通信介质和无线通信介质有哪些？

2．模拟信号和数字信号有什么区别？数据调制的作用是什么？数据调制方法有哪些？

3．什么是串行通信和并行通信？试举例说明。

4．常用的多路复用技术有哪些？

第 3 章　数据链路层

📋 知识目标

1. 理解数据链路层的功能、实现及主要协议
2. 了解以太网的产生、发展和分类
3. 掌握以太网 MAC 地址的概念和以太网帧格式
4. 了解局域网标准和介质访问控制方式
5. 掌握局域网主要设备（中继器、集线器、交换机）的工作原理

📊 能力目标

1. 能够使用交换机实现简单局域网的组网
2. 结合本章案例，能够掌握交换机 MAC 地址表的查看和使用

🎓 素质目标

1. 通过协议的功能及实现，理解制定规则和遵守规则的重要性，懂得"没有规矩，不成方圆"的道理
2. 结合本章案例，养成及时关闭计算机的习惯，提升"节能减排"意识，倡导绿色、环保、低碳的生活方式，为实现"碳达峰、碳中和"的目标做出应有的贡献

💻 建议实训

实训 3：局域网组网
实训 4：数据链路层协议分析
实训 5：交换机组网及基本配置

📖 1+X 要求

1. 能够掌握以太网中数据帧结构、MAC 地址等的作用和以太网中的数据转发过程
2. 能够理解 PPP 原理及 PPPoE 原理
3. 能够根据交换机的各种规格完成不同场景下的交换机选型

3.1　数据链路层概述

3-1
数据链路层
概述

3.1.1　数据链路层功能

数据链路层的主要功能是<u>实现网络上两个相邻节点之间的无差错传输</u>。它将物理层传输的原始比特流按照一定格式封装成帧，能够检测并校正物理层的传输差错，在相邻节点之间构成

一条无差错的链路。

数据在物理传输过程中可能发生错误,例如,发送端发送了0100,而接收端收到了0101,由于物理层不能识别所传输的比特流的含义,因此不能判断数据在传输过程中是否发生错误,更不能采取补救措施。而数据链路层将比特流按照一定的格式组织起来,使数据具有了一定的含义,因此可以实现差错控制、流量控制、物理地址寻址等功能。

3.1.2 协议数据单元——帧

为了实现差错控制、流量控制、物理地址寻址等一系列功能,数据链路层采用了被称为帧的协议数据单元作为数据链路层的数据传送逻辑单元,即数据链路层将数据一帧一帧地传输,而不是像物理层那样按位传输。尽管不同的数据链路层协议的帧格式存在一定差异,但基本格式大同小异。图 3-1 给出了帧的基本格式,帧中的每个有特定含义的部分被称为字段(Field)。

图 3-1 帧的基本格式

该格式中各字段的基本功能如下。

1)开始同步位:用于指示帧或数据流的开始。

2)地址:地址字段给出节点的物理地址信息,物理地址可以是局域网网卡地址,也可以是广域网中的数据链路标识,地址字段用于设备或机器的物理寻址。

3)类型/长度:提供有关帧的长度或类型的信息,也可以是其他控制信息。

4)数据:来自上层(即网络层)的数据。

5)校验码:提供校验码等差错检测有关的信息。

6)结束同步位:用于指示帧或数据流的结束。

通常,数据字段之前的所有字段被统称为帧头,而数据字段之后的所有字段被统称为帧尾。

引入帧机制不仅可以实现相邻节点之间的可靠传输,还有助于提高数据传输的效率。例如,若发现接收到的某一个或几个比特出错,可以只对相应的帧进行特殊处理(如请求重发等),而不需要对其他未出错的帧进行这种处理;如果发现某一帧丢失,也只要请求发送方重传所丢失的帧,从而大大提高了数据处理和传输的效率。

按照分层数据传输机制(参见第 1.4.3 节),发送方的数据链路层必须提供将从网络层接收的分组封装成帧的功能,即为来自上层的分组加上必要的帧头和帧尾部分,通常称此为成帧(Framing);而接收方的数据链路层则必须提供将帧重新拆装成分组的拆帧功能,即去掉发送端数据链路层所加的帧头和帧尾部分,从中分离出网络层所需的分组。在成帧过程中,如果上层的分组大小超出下层帧的大小限制,则上层的分组还要被划分成若干个帧才能被传输。

3.1.3 数据链路层协议

数据链路层的功能由响应的协议实现,主要协议包括如下几种。

1. Ethernet 协议

Ethernet（以太网）协议是使用最为广泛的数据链路层协议。由 Xerox（施乐）公司创建并由 Xerox、Intel 和 DEC 公司联合开发的基带局域网规范，是当今局域网采用的最通用的通信协议标准。以太网络使用 CSMA/CD（带冲突检测的载波监听多路访问）技术，可以运行在多种类型的电缆上。IEEE 将以太网定义为 IEEE 802.3 标准，包括标准以太网（10Mbit/s）、快速以太网（100Mbit/s）、千兆以太网（1000Mbit/s）和万兆以太网（10Gbit/s），其中标准以太网和快速以太网的传输介质主要为双绞线和同轴电缆，适用于局域网；千兆以太网和万兆以太网的传输介质主要为光纤，既可以用于局域网，也可以用于广域网。

2. PPP

PPP（Point-to-Point Protocol，点到点协议）是一种点对点式的通信协议，由 SLIP 改良而成，适用于点到点链路中的两端设备连接和通信。PPP 主要用于早期的电话拨号上网，用户使用调制解调器（Modem）通过电话线拨号接入远端设备后，可以在物理线路上建立一条虚电路，使个人计算机成为网络上的一个节点，并对接入的每一台主机实现安全控制、认证计费等功能。图 3-2 所示为 PPP 组网拓扑示例。

图 3-2 PPP 组网拓扑示例

3. PPPoE

目前在家庭宽带中常使用 PPPoE（PPP over Ethernet，以太网的点对点协议），它是以太网协议和点对点协议的结合。利用以太网将大量主机组成局域网，通过 PPPoE 客户端拨号到 PPPoE 服务器端进行身份认证并接入 Internet。图 3-3 所示为 PPPoE 组网拓扑示例。

图 3-3 PPPoE 组网拓扑示例

PPPoE 相对 PPP 的优点如下。
- 避免每台主机都要配备一台调制解调器，只需一个局域网（一栋楼或一个小区）配备一台调制解调器即可。
- 可以集中管理安全控制、认证计费等功能，性价比较高。

3.2 以太网协议

3.2.1 以太网的产生、发展及分类

在数据链路层使用较多的是以太网协议。以太网诞生后，凭借其低廉的价格、易组网性、灵活的组网方式以及较好的传输性能，逐渐击败了 FDDI（Fiber Distributed Data Interface，光纤分布式数据接口）网、Token Ring（令牌环）网等竞争对手，在局域网中占据了统治性的市场份额。

3-2
以太网的产生、发展及分类

以太网的发展从最初的 10Mbit/s 以太网发展到目前最高速率的 100Gbit/s 以太网，其网络速率、网络拓扑结构、传输介质都有多种类型，在 IEEE 802.3 标准中，对以太网进行了定义和分类，目前主要的以太网种类如下。

1. 标准以太网（Ethernet）

早期的 10Mbit/s 以太网被称为标准以太网或传统以太网。标准以太网可以使用粗同轴电缆、细同轴电缆、非屏蔽双绞线、屏蔽双绞线和光纤等多种传输介质进行连接，在 IEEE 802.3 标准中，为不同的传输介质制定了不同的物理层标准，如表 3-1 所示。

表 3-1 标准以太网标准

	10Base-5	10Base-2	10Base-T	10Base-F
传输介质	基带同轴电缆	基带同轴电缆	非屏蔽双绞线	850nm 光纤
编码技术	曼彻斯特码			
拓扑结构	总线型	总线型	星形/树形	星形/树形
最大段长/m	500	185	100	2000

该分类标准的命名表示方法为：

[数据传输速率（Mbit/s）][信号方式]-[最大传输距离（百米）或者传输介质]

例如，"10Base-5" 中 "10" 表示传输速率为 10Mbit/s，"Base" 表示基带传输，"5" 表示最大段长为 500m；"10Base-T" 中 "T" 表示双绞线，"10Base-F" 中 "F" 表示光纤。

2. 快速以太网（Fast Ethernet）

IEEE 802 工作组于 1995 年 3 月宣布了 IEEE 802.3u 快速以太网标准，保留了 IEEE 802.3 的帧格式，速率提升至 100Mbit/s，并采用效率更高的 4B/5B 等编码。快速以太网标准如表 3-2 所示，目前快速以太网中使用最多的标准是 100Base-TX。

表 3-2　IEEE 802.3u 快速以太网标准

	100Base-T4	100Base-TX	100Base-FX
传输介质	三/四/五类非屏蔽双绞线	五类非屏蔽双绞线	单模/多模光纤
编码技术	8B/6T	4B/5B	4B/5B
拓扑结构	星形/树形		
线缆对数	4 对	2 对	1 对
最大段长/m	100	100	2000

3．千兆以太网（Gigabit Ethernet）

随着多媒体技术、高性能分布计算和视频应用等的不断发展，用户对局域网的带宽提出了越来越高的要求；同时以太网也要求在主干网、服务器一级要有更高的带宽。在这种需求背景下，人们开始酝酿速度更高的以太网技术。1996 年 3 月，IEEE 802 委员会成立了工作组，负责千兆以太网及其标准，并于在 1998 年 6 月正式公布关于千兆以太网的标准。

千兆以太网标准是对以太网技术的再次扩展，其<u>数据传输率为 1000Mbit/s，即 1Gbit/s</u>，因此也称吉比特以太网。千兆以太网基本保留了原有以太网的帧结构、全/半双工工作方式、流控模式，所以和标准以太网、快速以太网完全兼容。

此外，千兆以太网标准将<u>支持最大距离为 550m 的多模光纤、最大距离为 70km 的单模光纤和最大距离为 100m 的双绞线</u>，从而使其既可以应用于局域网，也可以应用于城域网及广域网。目前常用的千兆以太网标准如表 3-3 所示。

表 3-3　千兆以太网标准

	1000Base-SX	1000Base-LX	1000Base-T	1000Base-CX
传输介质	多模光纤	单模光纤	五类非屏蔽双绞线	屏蔽双绞线
编码技术	8B/10B	8B/10B	4B/5B	8B/10B
拓扑结构	星形/树形			
线缆对数	1 对	1 对	4 对	4 对
最大段长/m	550	70 000	100	25

千兆以太网目前主要用于局域网中的骨干网以及城域网，从传输距离长短可以看出各类千兆以太网的用途，一般城域网可以采用 1000Base-LX，园区或楼宇内部可以使用 1000Base-SX 或 1000Base-T，机房内部可以使用 1000Base-CX。

4．万兆以太网（10Gigabit Ethernet）

为了将以太网技术更好地应用于局域网和广域网，IEEE 于 1999 年底成立了 IEEE 802.3ae 工作组，进行万兆以太网技术的研究，并于 2002 年正式发布 IEEE 802.3ae 标准。<u>万兆以太网数据传输率为 10 000Mbit/s</u>，不仅再度扩展了以太网的带宽和传输距离，更重要的是使得以太网从局域网领域向广域网领域渗透。万兆以太网的 IEEE 802.3ae 标准在物理层<u>只支持光纤作为传输介质</u>，目前我国很多综合性大学校园网的骨干网就采用了万兆以太网技术。

思考：

小明的计算机在宿舍中使用一根双绞线上网，查看本地连接状态，如图 3-4 所示，显示速度为 100Mbit/s，请问小明的计算机使用的是哪种以太网？小明使用宽带助手测了一下网速，如图 3-5 所示，并没有达到 100Mbit/s，请问是为什么？

图 3-4　本地连接状态

图 3-5　宽带测速结果

3.2.2　MAC 地址

MAC（Media Access Control，介质访问控制）地址是以太网中的物理地址（Physical Address），是烧录在网卡等设备芯片里的硬件地址。MAC 地址就如同身份证上的身份证号码，具有全球唯一性，世界上任何两个以太网设备的 MAC 地址都是不一样的。因此以太网在数据链路层可以通过 MAC 地址来定位硬件设备，如图 3-6 所示。

3-3
MAC 地址

图 3-6　MAC 地址的作用

MAC 地址长度为 48bit，一般用十六进制表示。例如，某 MAC 地址用 48bit 二进制表示为 110101000010100010100100100011101001100101001011，用十六进制表示为 D428A48E994B，一般格式化表示为 D428.A48E.994B 或 D4-28-A4-8E-99-4B。

MAC 地址的 48 位分为两部分，其中 1～24 位为组织标志符，代表网卡或其芯片生产厂商，25～48 位由厂商自己分配。例如，MAC 地址 00-90-27-99-11-cc，其中前 6 个十六进制位（即二进制的 1～24 位）00-90-27 表示该网卡由 Intel 公司生产，后 6 个十六进制位（即二进制的 25～48 位）表示相应的网卡序列号为 99-11-cc。

思考：

以太网最终通过物理层传输数据，那么为什么不在物理层寻址（即寻找物理设备）？

在 UNIX/Linux 主机上可以通过 ipconfig 命令查看网卡的 MAC 地址，在 Windows 主机上可以通过 ipconfig/all 命令查看网卡的 MAC 地址，如图 3-7 所示。除了网卡以外，所有接入以太网的硬件都需要 MAC 地址。例如，路由器等网络设备的接口、手机、IP 摄像头也有自己的 MAC 地址，如 Android 系统手机的 MAC 地址在其设置中可以找到，如图 3-8 所示。

图 3-7　通过 ipconfig/all 命令查看网卡的 MAC 地址

图 3-8　查看 Android 系统手机的 MAC 地址

3.2.3　以太网帧格式

以太网帧格式如图 3-9 所示。

3-4 以太网帧格式

| 目的MAC地址 6B | 源MAC地址 6B | 类型 2B | 数据 46-1500B | 校验码 4B |

图 3-9　以太网帧格式

各字段含义如下。

1）目的 MAC 地址：下一跳的 MAC 地址，帧每经过一跳（即每经过一台网络设备，如交换机），该地址会被替换，直到最后一跳被替换为接收端的 MAC 地址。

2）源 MAC 地址：发送端 MAC 地址。

3）类型：用来指出以太网帧内所含的上层协议。例如，如果上层协议是 IP，该字段的值是 0x0800；如果上层协议是 ARP，该字段的值是 0x0806。

4）数据：从上层或下层传来的有效数据，如果少于 46B，必须增补到 46B。

5）校验码：CRC 校验码，校验数据在传输过程中是否出错。

从以太网帧格式可以看出，MAC 地址在以太网中起了很重要的角色，以太网的寻址过程主要通过 MAC 地址实现。

3.3 局域网

3.3.1 局域网的特点

局域网是指分布在较小地理范围内的网络。公司、企业、住宅小区等的计算机都可以通过局域网连接起来，以达到资源共享、信息传递和数据通信的目的。

局域网具有如下特点。

1）网络所覆盖的地理范围比较小，通常不超过几千米，甚至只在一幢建筑或一个房间内。

2）数据的传输速率比较高，从最初的 10Mbit/s 到后来的 100Mbit/s，近年来已达到 1000Mbit/s、10 000Mbit/s。

3）具有较低的延迟和误码率，其误码率一般为 $10^{-11} \sim 10^{-8}$。

4）便于安装、管理和维护，建网成本低、周期短。

5）局域网的经营权和管理权通常属于某个单位所有，而广域网通常由电信运营商经营和管理。

3.3.2 IEEE 802 局域网标准

IEEE 于 1985 年公布了 IEEE 802 标准文本，同年被美国国家标准学会（ANSI）采纳作为美国国家标准。后来，国际标准化组织（ISO）经过讨论，将 IEEE 802 标准定为局域网国际标准。IEEE 802 标准实际上是一个由一系列协议组成的标准体系。随着局域网技术的发展，该体系在不断地增加新的标准和协议。

局域网标准只涉及 OSI 模型的物理层和数据链路层。在 IEEE 802 标准中把数据链路层又分成了两个子层：媒体访问控制（Medium Access Control，MAC）子层和逻辑链路控制（Logical Link Control，LLC）子层，如图 3-10 所示，MAC 子层专门处理各种依赖于传输介质的特性，并分别对不同的介质制定各自的 MAC 标准，如介质访问控制和物理地址寻址；LLC 子层则针对共性的链路控制问题进行处理，并制定出统一的标准，从而向网络层提供一致的服务。

图 3-10 IEEE 802 局域网标准

不同局域网技术的区别主要在物理层和数据链路层，当这些不同结构和协议的局域网需要互联时，可以借助网络层协议（如 IP）。局域网的物理层和 OSI 模型的物理层功能相当，主要涉及局域网物理链路上原始比特流的传送，定义局域网物理层的机械、电气、规程和功能特性，如信号的传输与接收，同步序列的产生和删除，物理连接的建立、维护、撤销等。物理层还规定了局域网所使用的信号编码、传输介质、拓扑结构和传输速率。例如，信号编码可以采用曼彻斯特编码，传输介质可采用双绞线、同轴电缆、光缆甚至是无线传输介质，拓扑结构则支持总线型、星形、环形和混合型等，可提供多种不同的数据传输速率。

3.3.3 介质访问控制

传统以太网拓扑结构主要采用总线型，那么当多台设备争用同一总线时，如何避免信号产生冲突就涉及介质访问控制方式，常见的介质访问控制方式有 CSMA/CD（带冲突检测的载波监听多址访问）、Token Ring（令牌环）、Token Bus（令牌总线），不同的数据链路层协议和局域网采用不同的介质访问控制方式，如以太网采用 CSMA/CD 方式，令牌环网采用 Token Ring 方式。

3-6 CSMA/CD

1. CSMA/CD

CSMA/CD 中的 CS（载波监听）主要是指网络中的各个节点都具备一种对总线上所传输的信号或载波进行监测的功能；MA（多址）是指当总线上的一个节点占用总线发送信号时，所有连接到同一总线上的其他节点都可以通过各自的接收器收听，只不过目标节

3-7 CSMA/CD 原理动画

点会对所接收的信号进行进一步的处理，而非目标节点则忽略所收到的信号；CD（冲突检测）是指一种检测或识别冲突的机制，是实现冲突退避的前提。

CSMA/CD 通常用于总线型拓扑结构和星形拓扑结构的局域网中。在总线环境中，冲突的发生有两种可能的原因：一种是总线上两个或两个以上的节点同时发送信息；另一种可能就是一个较远的节点已经发送了数据，但信号在传输介质上的延时使得信号在未到达目的地时，另一个节点刚好发送了信息。

CSMA/CD 的工作原理可概括成 4 句话，即先听后发，边发边听，冲突停止，随机延时后重发。具体过程如下。

1) 当一个节点想要发送数据的时候，它检测网络查看是否有其他节点正在传输，即侦听信道是否空闲。如果信道忙则等待，直到信道空闲；如果信道空闲，节点就立刻传输数据。

2) 在发送数据的同时，节点继续侦听网络，确信没有其他节点在同时传输数据。因为有可能两个或多个节点都同时检测到网络空闲然后几乎在同一时刻开始传输数据。如果两个或多个节点同时发送数据，产生冲突，它就发送一个拥塞信号，这个信号使得冲突的时间足够长，让其他的节点都能发现。

3) 其他节点收到拥塞信号后，都停止传输，等待一个随机产生的时间间隙（Backoff Time）后重发。

总之，CSMA/CD 采用的是一种"有空就发"的竞争型访问策略，因而不可避免地会出现信道空闲时多个节点同时争发的现象，无法完全消除冲突，只能采取一些措施减少冲突，并对产生的冲突进行处理。因此采用这种协议的局域网环境不适合于对实时性要求较强的网络应用。

2．Token Ring

Token Ring（令牌环）访问控制方式如图 3-11 所示，信息沿环单向流动，不存在路径选择问题。在令牌环网中，为了保证在共享环上数据传送的有效性，任何时刻都只允许一个节点发送数据。为此引入了令牌传递机制，有一个特殊格式的帧在物理环中沿固定方向逐站传送，这个特殊帧称为"令牌"。令牌是用来控制各个节点介质访问权限的控制帧，当一个节点想发送帧时必须获得令牌，并在启动数据帧的传送前将令牌帧中的忙/闲状态位置于"忙"，然后传送数据，此时其他希望发送数据的节点必须等待。

图 3-11　Token Ring 访问控制方式

也就是说，在任何时候环中只能有一个节点发送数据，而其他节点只能允许接收帧。只有发送信息的源节点放弃发送权，或拥有令牌的时间到，其才会释放令牌，其他节点才有机会得到空令牌发送自己的信息。

总之，Token Ring 采用的是一种"有权才发"的非竞争型访问策略，发送数据的权力通过令牌在各节点之间传递（轮转），因而不会出现信道空闲时多个节点同时争发的现象。但采用这种方式时应注意令牌传递的策略，既要保证优先级高的数据节点优先获得令牌，又要避免优先级低的节点长时间无法获得令牌的现象。

3.3.4　局域网设备：中继器和集线器

物理信号在传输的过程中会有衰减和干扰，衰减和干扰到一定程度，信号就产生失真而无法被正确地识别。因此传输过程中的衰减和干扰越大，传输距离就越短。例如，非屏蔽双绞线的衰减较大，传输距离为 100m；而单模光纤的衰减很小，传输距离可以达几十千米。

中继器（Repeater）作为物理层的网络连接设备，可以对表示 0/1 的电信号或光信号进行整形放大，从而使得物理信号的传送距离得到延长。中继器具有在物理上扩展网络的功能，但并不识别其发送数据的含义，因此不能寻址，也不能对数据流量进行任何隔离或过滤。

中继器一般用于总线型网络，当需要用一根总线去连接很多终端而传输距离又不够时，使用中继器是一个廉价的解决方案，如图 3-12 所示。

图 3-12　中继器的使用

中继器一般只有两个接口，一进一出。当连接星形网络时就需要多接口设备，于是出现了另一种物理层设备——集线器（Hub），如图3-13所示。集线器其实就是多端口的中继器。

图3-13 集线器的使用

集线器由于工作在物理层，因此和中继器一样，只能识别0或1的比特信号，并不理解比特串的含义，也不能识别数据链路层帧结构中的地址，因此集线器并不能根据帧结构中的目的地址识别数据要发往哪台主机。集线器工作时会将接收到的比特数据整形放大，并转发到所有活动端口上，由接收数据的计算机终端将接收的帧中的目的地址和自己的网卡MAC地址比对，如一致则接收该帧数据，否则丢弃该帧。例如，图3-13中A终端要发送数据给B终端，集线器从A接收到该数据后，会将该数据转发给B、C、D、E，其中C、D、E接收到该数据后发现数据帧中的目的MAC地址和自己的MAC地址不一样，会将接收的数据丢弃，只有B会最终接收该数据。

从集线器的工作过程可以看出，集线器采用的是广播式数据发送方式，即一进多出。因此集线器连接的网络，从物理上看是星形网络，从逻辑上看仍然是总线型网络，相当于在集线器内部有一根总线，所有端口都连接在这根总线上。这种方式有多方面的不足。

- 安全性差：用户数据包向所有节点发送，很可能带来数据通信的不安全因素，别人很容易就能非法截获他人的数据包。
- 共享带宽：由于采用广播式数据发送方式，属于共享带宽，降低了网络传输效率，容易造成网络塞车现象。例如，10Mbit/s的路由器，所有端口的传输速率加起来为10Mbit/s，并不是每一个端口都能同时达到10Mbit/s的发送或接收速率。
- 非双工传输：由于共享介质限制，集线器在同一时刻每一个端口只能进行一个方向的数据通信，而不能像交换机那样进行双向双工传输，网络执行效率低。
- 冲突域扩大：在共享介质环境中，当主机数目不断增加时，产生冲突的可能性也随之增大，也就是说，所有由中继器或集线器互连的主机仍在一个冲突域中。所谓冲突域是对一组可能会彼此发生冲突的主机设备及其网络环境的总称，在这种环境中，一台主机发送数据，其他主机只能接收数据或等待。

3.3.5 局域网设备：交换机

3-9
交换机工作原理

1．交换式局域网

由于用中继器或集线器组成的共享总线式局域网存在种种功能上和性能上的缺点，特别是使用中继器或集线器进行网络物理扩展时，会同时扩展冲突域。用的中继器或集线器越多，则冲突域就越大，主机之间发生冲突的概率也就越大，网络的传输效率也就越低。因此后来产生了交换式局域网。

所谓交换式局域网是指以交换机为中心，对数据进行存储转发的星形网络。交换机连接局域网的方式和集线器类似，但其工作原理和集线器有较大区别，交换式局域网也比共享总线式局域网在性能上有很大提高。

2. 交换机及其工作原理

交换机是工作在数据链路层的局域网设备，用于连接局域网内的主机和其他交换机。其常见分类如表3-4所示。

3-10 交换机工作原理动画

表3-4 交换机的常见分类

分类角度	分类结果	说明	示例图片
是否可配置和管理	可网管交换机	具有网络管理、网络监控等功能，有专用的配置（Console）接口	
	不可网管交换机	不具有网络管理功能，没有配置接口	
是否可安装到标准机柜	机架式交换机	可安装固定到标准机柜，端口较多，常见的有16口、24口、48口等	
	桌面式交换机	不能安装固定到机柜，一般放置于桌面使用，端口较少，常见的有5口、8口等	

交换机工作在数据链路层，能够识别数据帧中的物理地址（如以太网帧中的MAC地址），因此交换机能够进行有选择的转发。为进一步理解交换机的工作原理，假设局域网拓扑如图3-14所示，主机A、B、C、D分别连接在交换机的1、2、3、4端口上。该交换机工作过程如下。

图3-14 交换机工作原理拓扑示例

（1）建立MAC地址表

交换机接收到任一数据帧时，会将接收到帧的端口以及该帧中的源MAC地址保存在交换机内存的 MAC 地址表中，如图 3-14 所示，这样交换机就知道了每个端口上连接的主机的 MAC 地址。

（2）数据过滤与转发

交换机分析数据帧中的目的 MAC 地址，将帧的目的 MAC 地址和 MAC 地址表比对，就知道该帧要传给哪台主机，应该从哪个端口转发。例如，主机 A 要传输数据给主机 C，交换机接收到的数据帧中目的 MAC 地址为 2c-35-9d-c2-11-22，那么该帧将从端口 3 转发出去，从而到达主机 C。

从上述过程可以看出，由于交换机的数据是"一进一出"，不像集线器是"一进多出"，因此大大减少了网络中的广播流量，减小了冲突域，提高了网络性能；并且交换机连接不同的线路可以同时进行数据传输，互不影响，例如，图 3-14 中 A 和 C、B 和 D 可以同时传输数据，因此交换机属于独立带宽设备。10Mbit/s 的交换机每个端口都可以达到 10Mbit/s 的发送或接收速率。此外，交换机还能够对数据进行存储转发，因此可以连接不同速率的线路，接收和发送数据不匹配时可以将数据缓存在交换机内存中，等到线路空闲时再将数据发送出去，而集线器只能连接相同速率的线路。

综上所述，交换机工作在数据链路层，不仅能在物理上扩展局域网，还能在逻辑上划分冲突域，性能大大高于集线器，因此目前在局域网组网应用中交换机已经基本取代了集线器。

 思考：

级联交换机的工作过程。例如，交换机 A 连接 3 台主机（主机 A 在端口 2，主机 B 在端口 3，主机 C 在端口 4），交换机 B 连接两台主机（主机 D 在端口 2，主机 E 在端口 3），两台交换机的端口 1 互连，请写出此时交换机 A 和交换机 B 的 MAC 地址表以及交换机如何根据 MAC 地址表将数据帧从主机 A 传输到主机 E。

3.4 应用案例

案例描述：

公司领导发现经常有人下班以后不关闭计算机，便交给小朱一项任务，通过网络记录每天下班后未关闭的计算机。

案例分析：

首先，必须通过唯一性的标识区别每一台计算机，可以使用的唯一性标识包括 IP 地址和 MAC 地址。由于公司除了服务器以外的计算机都采取 DHCP 方式自动获取 IP 地址，每次开机获取的 IP 地址可能都不一样，因此无法通过 IP 地址定位计算机，只能采用 MAC 地址进行定位。

解决方案：

小朱的解决方案步骤如下。

1）首先通过公司网站发布通知，要求公司的每一位员工向网络中心申报自己计算机的 MAC 地址，同时在网站上公布查看计算机 MAC 地址的方法。

2）小朱将申报的 MAC 地址汇总，得到公司的 MAC 地址表，如表 3-5 所示。

表 3-5　公司的 MAC 地址汇总表

部 门 名 称	员 工 姓 名	MAC 地址表
行政部	王达	70-5A-B6-4C-9F-B5
	…	…
	张敏	00-90-27-99-11-cc
销售部	…	…
研发部	…	…
生产部	…	…

3）由于计算机关机后其 MAC 地址不会立刻从交换机的 MAC 地址表中消失，因此为了提高准确性可以设置交换机 MAC 地址表的老化时间（如不设置则采用默认老化时间，各品牌交换机的默认老化时间不一样）。小朱将交换机的 MAC 地址表的老化时间设置为 10min，即交换机的端口会每 10min 查询接在该端口上主机的 MAC 地址是否有更新。如果在老化时间内端口未收到源地址为某 MAC 地址的帧，那么将该 MAC 地址从 MAC 地址表中删除。

4）下班回到家后，由于离下班时间已超过 10min，此时小朱在家里上网远程登录到公司的交换机上查看 MAC 地址表，此时 MAC 地址表中存在的地址即为没有关闭的计算机的 MAC 地址。假设此时 MAC 地址表中有 00-90-27-99-11-cc 这条记录，则说明行政部张敏的计算机没有关闭。

3.5　本章小结

数据链路层建立在物理层之上，将比特流封装成帧，实现了物理地址寻址、数据校验等物理层无法实现的功能。目前在局域网中使用较多的是以太网协议，在城域网和广域网中使用较多的协议是 PPP、PPPoE 等。以太网根据其传输速率分为标准以太网、快速以太网、千兆以太网和万兆以太网。

IEEE 为局域网制定了 IEEE 802 标准，IEEE 802 定义了局域网在物理层和数据链路层的技术规范。IEEE 802 又含有若干子标准，其子标准的一个重要划分原则是介质访问控制方式，常见的有 CSMA/CD、Token Ring 等。局域网中使用的主要设备包括中继器、集线器和交换机，其中中继器和集线器是物理层的设备，其功能是完成比特流的转发和广播；交换机是数据链路层的设备，其功能是根据 MAC 地址表完成帧的转发。

习题

一、选择题

1. 数据链路层的功能是（　　）。
   A．实现比特流的物理传输
   B．通过提供实现差错控制、流量控制、物理地址寻址等功能，实现相邻节点间的无差错传输

C. 通过 IP 地址实现逻辑地址寻址和路由选择

D. 实现端到端数据传输

2. 下列关于数据链路层的说法错误的是（　　）。

　　A. 数据链路层是 OSI 模型中的第 2 层

　　B. 数据链路层属于 TCP/IP 中的网络接口层

　　C. 数据链路层为网络层提供服务，并利用物理层进行传输

　　D. 数据链路层按位（bit）进行传输

3. 下列关于帧的说法错误的是（　　）。

　　A. 发送方的数据链路层将网络层的数据接收并封装成帧

　　B. 接收方的数据链路层将物理层的数据接收并解封装成帧

　　C. 帧的头部和尾部中一般包括同步位、地址、长度、校验码等信息

　　D. 一个网络层的数据包（分组）只能被封装成一个数据链路层的帧

4. 数据链路层的协议不包括（　　）。

　　A. Ethernet 协议　　　B. PPP　　C. PPPoE　　　D. IP

5. 下列关于以太网协议的说法错误的是（　　）。

　　A. 以太网协议位于数据链路层

　　B. 以太网协议属于 IEEE 802.3 标准

　　C. 标准以太网速率为 100Mbit/s

　　D. 以太网可使用双绞线、光纤等多种传输介质

6. 下列关于 PPP 和 PPPoE 的说法错误的是（　　）。

　　A. PPP 位于数据链路层

　　B. PPP 适用于交换式网络中的设备连接和通信

　　C. PPP 应用于电话链路时需要调制解调器进行拨号

　　D. PPPoE 是 PPP 和 Ethernet 协议的结合，可以将 Ethernet 局域网接入点到点链路的远端设备

7. 下列关于 IEEE 802.3 以太网标准中的 100Base-TX 分类标准说法不正确的是（　　）。

　　A. 100Base-TX 是快速以太网标准的一种

　　B. 100Base-TX 中的 100 表示传输速率最高为 100Mbit/s

　　C. 100Base-TX 中的 Base 表示基带传输，即传输过程不需要经过调制和解调

　　D. 100Base-TX 中的 TX 表示采用光纤作为传输介质

8. 下列关于 MAC 地址的说法错误的是（　　）。

　　A. MAC 地址是以太网中使用的物理地址

　　B. MAC 地址的长度为 32 位

　　C. MAC 地址具有全球唯一性，即世界上没有同样的两个 MAC 地址

　　D. 以太网帧使用 MAC 地址进行寻址

9. 下列关于中继器和集线器的说法错误的是（　　）。

　　A. 中继器和集线器工作在数据链路层

　　B. 集线器相当于多端口中继器

　　C. 中继器和集线器的功能是对接收的信号整形放大并进行转发，因而可以延长信号的传输距离

D．中继器和集线器不能识别所转发的数据的含义

10．下列关于集线器和交换机的说法错误的是（　　）。

A．集线器工作在物理层，交换机工作在数据链路层

B．集线器各端口拥有独立带宽，交换机各端口共享带宽

C．中继器不能识别所转发数据的含义，交换机能够按照其所使用的协议格式分析所转发数据的含义

D．中继器采用广播方式转发数据（一进多出），交换机能够将数据转发到指定端口（一进一出）

二、简答题

1．结合以太网帧格式说明数据链路层的功能。
2．交换机如何使用 MAC 地址表转发数据？

第 4 章　网络层

📖 知识目标

1. 理解网络层的功能及主要协议
2. 掌握 IP 地址的表示、分类以及子网掩码
3. 理解及掌握 IP 的功能和格式
4. 理解 ARP/RARP 的功能和工作过程
5. 理解 IP 路由技术及路由器工作原理

📈 能力目标

1. 能够使用 IP 地址及子网掩码实现子网划分
2. 能够使用路由器实现网间互联

🎓 素质目标

1. 通过 IPv4 到 IPv6 的发展，理解网络地址资源的重要性，提升"网络强国"信念
2. 结合本章实训，熟悉网络互联设备的安装配置工作流程及操作规范，养成爱护设备、安全操作、环境整洁的职业素养

👥 建议实训

实训 6：TCP/IP 配置及子网划分
实训 7：网络层协议分析
实训 8：ARP
实训 9：路由器的基本配置
实训 10：主机静态路由配置

📘 1+X 要求

1. 能够识别高、中、低端路由器及其规格，理解路由器工作的基本原理
2. 能够理解网关在网络中的重要作用，掌握 IPv4/IPv6 编址原理、IP 报文的结构、VLSM 和 CIDR 的含义等知识
3. 能够理解 ARP 的基本原理和 ARP 缓存表的作用，完成其基本配置

4.1　网络层概述

4-1
网络层概述

之前学习了数据链路层及其协议，通过数据链路层能够实现网络上两个相邻节点之间的无差错传输。但数据链路层只能将数据帧沿着一段传输介质从一端送到另一端。在整个网络中存

在多个节点和多段传输介质，并且一个节点可能有多个接口，此时如何将数据从源主机正确地传输到目的主机，并选择最短或最快的路径，只通过数据链路层无法解决，必须结合网络层及其协议解决，如图4-1所示。

图4-1 网络层要解决的问题

为了有效地实现源主机到目标主机的分组传输，网络层需要提供如下多方面的功能。

1）数据分组。需要规定该层协议数据单元的类型和格式，网络层的协议数据单元称为分组或包（Packet），和其他各层的协议数据单元类似，分组是网络层协议功能的集中体现，其中包括实现该层功能所必需的控制信息（如收发双方的网络地址等）。

2）路由选择。要了解通信子网的拓扑结构，从而根据一定的算法进行最佳路径的选择，最佳路径选择又被称为路由（Routing）。

3）拥塞控制和负载平衡。在选择路径后还要进行拥塞控制和负载平衡，当网络带宽或通信子网中的路由设备性能不足时都可能导致拥塞；既不要使某些路径或通信线路处于超负载状态，也不能让另一些路径或通信线路处于空闲状态。

4）网络互联。当源主机和目标主机的网络不属于同一种类型时（如以太网和点对点网），网络层还要能协调好不同网络间的差异，即解决所谓异构网络互联的问题，主要涉及协议数据格式转换以及网络互联设备。

一般将 OSI 模型的下三层（物理层、数据链路层、网络层）称为通信子网，因为这三层主要负责数据通信，和高层的应用无关。而 OSI 模型的上四层（传输层、会话层、表示层、应用层）主要处理端到端（End to End）的传输及网络应用，因此上四层不存在于网络设备等中间节点中，仅存在于数据传输的两端，如图4-2所示。

图4-2 网络层的位置及作用

从图 4-2 可以看出网络层位于通信子网的最高层，同时又是通信子网和资源子网的边界，运行在网络层的协议主要包括如下 4 个。

1）IP（Internet Protocol，互联网协议）：负责网络层寻址、路由选择、分段及包重组。

2）ARP（Address Resolution Protocol，地址解析协议）：负责把网络层的逻辑地址解析成数据链路层的硬件地址，如 MAC 地址。

3）RARP（Reverse ARP，逆向地址解析协议）：负责把数据链路层的硬件地址解析成网络层的逻辑地址。

4）ICMP（Internet Control Message Protocol，互联网控制报文协议）：负责提供诊断功能，报告由于 IP 数据包投递失败而导致的错误。例如，常见的网络测试命令 ping 和 traceroute 就是基于 ICMP 的。

4.2 网络层协议

4.2.1 IP

4-2
IP 地址及其表示

1. IP 地址及其表示

IP 地址是 TCP/IP 的网络层用以标识网络中主机的逻辑地址。所谓逻辑地址，是与数据链路层的物理地址（即硬件地址）相对的一种可配置地址。物理地址（如 MAC 地址）固化在网卡的芯片中，是不能改变的。而逻辑地址（如 IP 地址）则是第三层地址，有时又被称为网络地址，可以根据主机所在网络灵活地配置，是可变的。

物理地址和逻辑地址的关系有点类似于人的姓名和住址的关系，当人一出生时，就会由父母为其取一个姓名，正所谓"行不更名，坐不改姓"，一个人姓名一般不会改变；但在人的一生中，因为学习、工作和生活等多种原因会产生很多的迁移，从而住址是可以经常改变的。而且从住址可以知道一个人当前所在的位置信息，但从一个人的姓名显然是不可能获取其当前所处的位置信息的。

IP 地址采用的是全球寻址方式，所以它必须是唯一的，在 Internet 上没有任何两台连接到公共网络上的主机拥有相同的 IP 地址。出于对 Internet 网络上地址分配合法性和权威性的考虑，必须有一个专门的组织来负责 Internet 上合法地址的分配与管理，这个组织就是互联网数字分配机构（Internet Assigned Numbers Authority，IANA）。任何单位和组织如果需要申请公有 IP 地址，都必须向 IANA 及其下属机构（如中国的 CNNIC）提出申请，并支付相应的费用才可以获得公有 IP 地址。

IP 地址长度为 32 位二进制，如 10010000110010110000001000001001，这样的表示方法不便于书写和记忆，因此一般采用点分十进制表示。

1）将这个 32 位的地址分成 4 组，每组包含 8 位二进制位，那么这个 IP 地址将变成 10010000 11001011 00000010 00001001。

2）将每一个 8 位二进制组转换成对应的十进制数，并在这 4 个十进制数之间加上点分隔：144.203.2.9。

每一台连接在 Internet 上的主机 IP 地址都是不一样的，32 位二进制数理论上可以构成的地址总数为：2^{32}=4 294 967 296，约为 40 亿个地址。

32 位的 IP 地址结构由网络号（又称网络地址）和主机号（又称主机地址）两部分组成，

如图 4-3 所示。其中，网络号用于标识该主机所在的网络，同一个网络中每台机器 IP 地址的网络号部分是相同的。而主机号则表示该主机在相应网络中的序号，可以唯一地标识该主机，因此同一网络中各主机号必须是不同的。

图 4-3　IP 地址结构

那么，为什么在广域网或 Internet 上需要使用 IP 地址去唯一地标识一台主机呢？前面学习的 MAC 地址不是也可以唯一地标识一台主机吗？这是因为广域网上有数以亿计的主机，标识主机的地址不仅需要唯一性，而且需要能够通过该地址找到其所在的地理位置。由于 IP 地址包含了其所在的网络，因此 IP 地址的分布是有规律的，在数据传输时，通过路由技术可以找到其所在的网络，然后再通过局域网技术找到该主机。而 MAC 地址在广域网上的分布是没有规律的，无法通过 MAC 地址找到其所在的位置，因此 MAC 地址只能在局域网中用于寻址。

2．IP 地址分类

一个 IP 地址分为网络号和主机号两部分，那么网络号和主机号分别是多少位呢？这是不一定的，取决于其属于哪一类 IP 地址。根据网络规模及地址的作用，IP 地址分为 A～E 共 5 类，如图 4-4 所示。

图 4-4　IP 地址分类

注意在实际使用时约定主机号不能全部为 0 或者全部为 1，主机号全 0 或者全 1 是有特殊含义的保留 IP，不能配置在主机上使用。

各类 IP 地址的说明如下。

(1) A 类地址

以"0"开始的 IP 地址为 A 类地址，首字节范围为 1~126（不能为 0 和 127，0 和 127 有保留用途），IP 地址范围为 1.0.0.1~126.255.255.254（二进制表示为：00000001 00000000 00000000 00000001~01111110 11111111 11111111 11111110）。

A 类地址的第 1~8 位为网络号，全世界共有 $2^7-2=126$ 个 A 类网络。

A 类地址的后 24 位为主机号，因此每个 A 类网络中可以容纳 $2^{24}-2=16\,777\,214$ 台主机，A 类地址主要用于超大型网络。

(2) B 类地址

以"10"开始的 IP 地址为 B 类地址，首字节范围为 128~191，IP 地址范围为 128.0.0.1~191.255.255.254（二进制表示为：10000000 00000000 00000000 00000001~10111111 11111111 11111111 11111110）。

B 类地址的第 1~16 位为网络号，全世界共有 $2^{14}=16\,384$ 个 B 类网络。

B 类地址的后 16 位为主机号，因此每个 B 类网络中可以容纳 $2^{16}-2=65\,534$ 台主机，B 类地址主要用于中型网络。

(3) C 类地址

以"110"开始的 IP 地址为 C 类地址，首字节范围为 192~223，IP 地址范围为 192.0.0.1-223.255.255.254（二进制表示为：11000000 00000000 00000000 00000001~11011111 11111111 11111111 11111110）。

C 类地址的第 1~24 位为网络号，全世界共有 $2^{21}=2\,097\,152$ 个 C 类网络。

C 类地址的后 8 位为主机号，因此每个 C 类网络中只可以容纳 $2^8-2=254$ 台主机，C 类地址主要用于小型网络。

(4) D 类地址

以"1110"开始的 IP 地址为 D 类地址，称为多播地址。多播指的是一台主机可以同时将一些数据分组转发给多个接收者。

(5) E 类地址

以"11110"开始的 IP 地址为 E 类地址，称为保留地址，保留用于将来和实验使用。

上述 5 类地址中，平时使用的主要是 A、B、C 3 类，为了便于记忆，可以认为点分十进制表示的 IP 地址中的第 1 个十进制数在 1~126 范围内的属于 A 类地址，在范围 128~191 内的属于 B 类地址，在 192~223 范围内的属于 C 类地址。例如，IP 地址 167.3.23.2 因为 167 在 128~191 范围之内，或者换算成二进制是 10100111，因此该 IP 地址属于 B 类，其网络号为 167.3，主机号为 23.2。

3. 特殊 IP 地址

(1) 网络地址

网络地址（又叫网络号）主要是用来标识一个网络，它不是指具体的哪一台主机或设备，而是标识属于同一个网络的主机或网络设备的集合。对任意一个 IP 地址来说，将它的地址结构中的主机号的位全部取 0 就得到了它所处的网络号。

例如，A 类地址 60.231.2.33 的主机号为后 24 位，因此其网络号是 60.0.0.0；B 类地址 143.23.5.53 的网络号是 143.23.0.0；C 类地址 210.29.75.8 的网络号是 210.29.75.0。

网络号不能够被配置在主机上，但它经常被使用在路由器的路由表中，例如静态路由表中的一条路由 ip route 210.29.75.0 255.255.255.0 210.29.228.170 表示通向 210.29.75.0 这个 C 类网络的下一跳地址为 210.29.228.170（参见第 4.3.2 节）。

（2）广播地址

局域网内的数据发送方式有单播、组播和广播 3 种。单播是指数据接收方为一个终端，组播是指数据接收方为多个终端，广播是指接收方为某网络内的所有终端。采用广播方式时，每个终端将会收到同样的信息。

要以广播方式发送数据，必须将数据分组的目的 IP 地址设为该网络的广播地址。在一个网络内，将它的地址结构中的主机号的位全部取 1 就得到了它所处的网络的广播地址。例如，A 类地址 60.231.2.33 的广播地址是 60.255.255.255，B 类地址 143.23.5.53 的广播地址是 143.23.255.255，C 类地址 210.29.75.8 的广播地址是 210.29.75.255。

广播地址不能够被配置在主机上，但它经常被使用在一些协议的查询过程中，例如，通过 ARP 解析某个 IP 地址的 MAC 地址时就会首先发送一条广播数据对局域网内的每台主机进行查询。

综合上述分析，有如下结论。

- A 类地址的网络号为*.0.0.0，广播地址为*.255.255.255。
- B 类地址的网络号为*.*.0.0，广播地址为*.*.255.255。
- C 类地址的网络号为*.*.*.0，广播地址为*.*.*.255。

还有一个特殊的广播地址 255.255.255.255，被称为受限广播地址，用于本网广播，即目的 IP 地址为 255.255.255.255 的数据包将被发送给本网络（源 IP 地址所在网络）中的所有主机，但不会被路由器转发。

（3）环回地址

一般将 127.*.*.* 称为环回（Loopback）地址，所谓环回是指发送给该地址的数据不离开发送主机（即数据包不会通过外部网络接口）。环回地址一般用于测试，不需要在主机上进行配置，例如，可以通过 ping 127.0.0.1 命令查看本机的网卡是否正常（见图 4-5），还可以通过环回地址在同一台主机上实现 Client 和 Server 的功能。

```
C:\Documents and Settings\Administrator>ping 127.0.0.1

Pinging 127.0.0.1 with 32 bytes of data:

Reply from 127.0.0.1: bytes=32 time<1ms TTL=128
Reply from 127.0.0.1: bytes=32 time<1ms TTL=128
Reply from 127.0.0.1: bytes=32 time<1ms TTL=128
Reply from 127.0.0.1: bytes=32 time<1ms TTL=128

Ping statistics for 127.0.0.1:
    Packets: Sent = 4, Received = 4, Lost = 0 (0% loss),
Approximate round trip times in milli-seconds:
    Minimum = 0ms, Maximum = 0ms, Average = 0ms
```

图 4-5　通过环回地址测试本机网卡

（4）私有 IP 地址

有些网络不需要接入公共 Internet，这些网络称为私有网络。既然私有网络没有接入公共网络，所以没有必要给这些主机分配公有 IP 地址。为了解决私有网络的地址分配问题，专门提出了私有 IP 地址的概念，私有 IP 地址将不会被路由器转发到 Internet 骨干网上。在 A 类地址、B 类地址、C

4-5
私有 IP 地址

类地址中分别划出 3 块地址空间作为私有 IP 地址块，这 3 个私有 IP 地址块的范围如表 4-1 所示。

表 4-1 私有 IP 地址块的范围

地 址 类 别	私有地址范围
A	10.0.0.0～10.255.255.255
B	172.16.0.0～172.31.255.255
C	192.168.0.0～192.168.255.255

4．子网掩码

子网掩码的作用是实现子网划分。进行子网划分的主要原因包括如下几个方面。

（1）节约 IP 资源

对于 Internet 上 A、B、C 类地址来说，每个类别的地址所包含的网络号位数和主机号位数是固定的，因此每类地址所能够提供的网络地址数量也是固定的。其中每个 A 类网络能够提供的主机地址数目可以达到 16 777 214（即 $2^{24}-2$）个，每个 B 类网络提供的主机地址数目可以达到 65 534（即 $2^{16}-2$）个，每个 C 类网络提供的主机地址数目为 254（即 2^8-2）个。但实际上每个网络中并不一定就有这么多台主机。例如，一个网络只有 20 台主机，就算分配一个 C 类网络地址段给它，也会有很多 IP 地址被浪费掉。

（2）减小广播域

对于 A 类和 B 类网络来说，如果不进行子网划分，由于这两种类型的网络所包含的主机数量非常大，当有广播发生时产生的广播数据包将十分惊人。如果进行了子网划分，可以减小广播域，从逻辑上减小网内主机的数目，因此可以减少广播包的发送，从而节约大量的网络带宽，提高网络数据传送效率。

子网划分提供了一种灵活的方式将一个网络划分为若干子网，其原理是将主机号中的一部分作为子网号，子网号位数越长，划分出的子网个数就越多。经子网划分后的 IP 地址结构如图 4-6 所示。

图 4-6 子网划分后的 IP 地址结构

子网划分由子网掩码实现，在进行子网划分时，一个 IP 地址对应一个子网掩码，子网掩码的位数也是 32，并且子网掩码对应 IP 地址中网络号和子网号部分的位数用 1 表示，主机号部分的位数用 0 表示。例如，某 C 类 IP 地址的子网掩码为 255.255.255.248（即二进制 11111111.11111111.11111111.11111000），其中 1 的个数为 29，0 的个数为 3，因此经子网划分后，该 IP 地址的网络号为 24 位（由于是 C 类网），子网号为 5 位（29-24=5），主机号为 3 位，如图 4-7 所示。

由于规定主机号不能为全 0 或全 1，因此在上例中子网号为 5 位，可划分 $2^5=32$ 个子网，每个子网可容纳 $2^3-2=6$ 台主机。

图 4-7 子网掩码示例

如不划分子网，则 C 类 IP 地址的默认子网掩码为 255.255.255.0（即二进制 11111111.11111111.11111111.00000000）。如要划分子网，可以使用不同的子网掩码将一个 C 类网划分出不同个数或不同大小的子网，如表 4-2 所示。

表 4-2 C 类网子网掩码

子网掩码	网络号位数	子网号位数	主机号位数	子网个数	每个子网可容纳主机数
255.255.255.0	24	0	8	0	254
255.255.255.128	24	1	7	2	126
255.255.255.192	24	2	6	4	62
255.255.255.224	24	3	5	8	30
255.255.255.240	24	4	4	16	14
255.255.255.248	24	5	3	32	6
255.255.255.252	24	6	2	64	2

 思考：

为什么没有子网掩码 255.255.255.254？

同理可推算出 A 类、B 类网络的子网掩码表，现举例说明：若要将某 B 类网划分出同样大小的 40 个子网，由于 $2^5<40<2^6$，因此子网号长度应为 6，子网掩码为 255.255.252.0（即二进制 11111111.11111111.11111100.00000000），每个子网中可容纳 $2^{10}-2=1022$ 台主机。

实际应用中将一个网络划分为若干子网的时候，经常会遇到各子网主机规模不一致的情况。例如，某公司有 1 个 C 类网，其网络地址为 192.168.1.0，需要划分 4 个子网：行政部有 20 台主机，研发部有 25 台主机，销售部有 50 台主机，生产部有 100 台主机。如果 4 个子网都采用子网掩码 255.255.255.128，那么需要 2 个 C 类网才能划分出 4 个子网，且每个子网都有 126 个可用的 IP 地址，将有很多 IP 地址被浪费。因此可以采用可变长子网掩码（Variable Length Subnet Mask，VLSM），即使用不同的子网掩码将一个网络划分成多个大小不等的子网。使用 VLSM 将该网络划分子网的结果如表 4-3 所示。

表 4-3 VLSM 示例

子网	主机数量	网络号	子网掩码	每个子网可容纳主机数
行政部	20 台	192.168.1.0	255.255.255.224	30
研发部	25 台	192.168.1.32	255.255.255.224	30
销售部	50 台	192.168.1.64	255.255.255.192	62
生产部	100 台	192.168.1.128	255.255.255.128	126

5. IP 数据包

IP 是网络层中的主要协议。IP 数据包由报头区和数据区组成，其中报头区由一个 20 字节固定长度部分和一个可选任意长度部分组成，其格式如图 4-8 所示。

图 4-8　IP 数据包格式

IP 数据包格式中各主要字段的含义如下。

- 版本：长度为 4 位。取值一般为 0100（IPv4）或 0110（IPv6）。
- 报头长度：长度为 4 位。指明报头区的长度，以 32bit 为单位。在报头区中，只有"选项+填充"字段的长度是可变的，其他字段的长度都是固定的。例如，某 IP 数据包的报头长度值为 0111，表示该 IP 数据包的报头长度为 7×32bit。由于报头区中除了"选项+填充"字段以外的其余字段长度为 5×32bit，可以计算出该 IP 数据包的"选项+填充"字段的长度为（7−5）×32bit=8B。
- 总长度：长度为 16 位。表示包括报头区和数据区在内的 IP 数据包的总长度，以字节（Byte）为单位。
- 生存周期：长度为 8 位。该字段设置了该 IP 数据包可以经过的最多的路由器数，一旦经过一个处理它的路由器，它的值就减去 1，当该字段的值为 0 时，IP 数据包就被丢弃，并发送 ICMP 消息通知源主机。这种机制可以防止网络出现环路时 IP 数据包被不断发送。该字段初始值由源主机设置（通常为 32 或 64）。
- 协议：长度为 8 位。该字段用于指定该 IP 数据包的上层协议，常见取值有 6（TCP）、17（UDP）、1（ICMP）。
- 源/目的 IP 地址：长度为 32 位。该字段用于指定发送者和所期望的接收者的 IP 地址。

6. IPv6

以上介绍的 IP 是第 4 版的 IP，又称为 IPv4。由于 IPv4 所定义的 IP 地址结构共由 32 位二进制数组成，去掉一些私有 IP 地址，实际可用的 IP 地址只有不到 40 亿个，所以 ICANN 已于 2011 年 1 月将所有可用 IP 地址分配完毕，IPv4 面临着没有地址可用的局面。针对 IPv4 的地址危机，目前主要有两种应对措施：私有 IP 地址和 IPv6。

私有 IP 地址是一种解决方案，如果要将配置私有 IP 地址的网络接入公网（Internet），则必须先进行 NAT（Network Address Translation，网络地址转换）将私有 IP 地址映射到公有 IP 地址，但使用 NAT 时必须在路由器上进行配置，且影响转发速度，并且当将多个私有 IP 地址映射到同一个公有 IP 地址时，只能获得这个公有 IP 地址的一部分端口，对一些复杂的网络应用有影响。因此私有 IP 地址并不能完全解决 IP 地址不足的问题，最终必须通过增加 IP 地址的数量来解决。

IPv6 是 Internet Protocol version 6 的缩写，是 IETF（Internet Engineering Task Force，因特网工程任务组）设计的用于替代现行版本 IP（IPv4）的下一代 IP。IPv6 具有长达 128 位的地址空间，可以彻底解决 IPv4 地址不足的问题。除此之外，IPv6 还采用了分级地址模式、高效 IP 报文头部、服务质量、主机地址自动配置、认证和加密等许多技术。

IPv6 的主要特点包括如下几个方面。

- IPv6 地址长度为 128bit，地址空间是 IPv4 的 2^{96} 倍。
- 灵活的 IP 报文头部格式。使用一系列固定格式的扩展头部取代了 IPv4 中可变长度的选项字段。IPv6 中选项部分的出现方式也有所变化，使路由器可以跳过选项而不做任何处理，加快了报文处理速度。
- IPv6 简化了报文头部格式，字段只有 8 个，加快报文转发，提高了吞吐量。
- 提高安全性。身份认证和隐私权是 IPv6 的关键特性。
- 支持更多的服务类型。
- 允许协议继续演变，增加新的功能，使之适应未来技术的发展。

IPv4 地址一般采用"点分十进制"形式来表示，而 IPv6 一般采用"冒号十六进制"表示形式，即 IPv6 地址中的 128 位按照每 16 个二进制位为一个分组进行分隔，然后将每 16 位二进制块转换为 4 个十六进制数来表示，相邻的 16 位块以冒号隔开。下面具体看一个二进制表示的 IPv6 地址：0011111111111110001010010000000011010000000001010000000000000000000000101010101000000001111111111111111000101000100111000101101 0，将 128 位二进制数按每 16 位一个位块分成 8 块，得到了如下的分块情况：

0011111111111110　　0010100100000000　　1101000000000101　　0000000000000000
0000001010101010　　0000000011111111　　1111111000101000　　1001110001011010

然后将每个分块转换成 4 位十六进制数，并且将相邻的块用冒号隔开。最终表示结果为 3FFE:2900:D005:0000:02AA:00FF:FE28:9C5A。

冒号十六进制表示形式还规定，对于每一个位块转换成的十六进制结果，如果前面包含 0，则可以将这些 0 称为块内前导零。这些块内前导零可以省略不写，只写其余的部分，从而可以简化 IPv6 地址的书写，但每个块必须有最少一个数字。删除块内前导零后，上述 IPv6 地址就变成了 3FFE:2900:D005: 0:2AA:FF:FE28:9C5A。

由于地址长度要求，地址包含由零组成的长字符串的情况十分常见。为了简化对这些地址的写入，可以使用压缩形式，即多个 0 块的单个连续序列由双冒号符号（::）表示。例如，FFED:0:0:0:0:BA98:3210:4562 的压缩形式为 FFED::BA98:3210:4562。但这种零压缩在每个地址中只能出现一次，例如，2001::25de::cade 是非法的，因为这样无法分清楚每个压缩中有几个全零的分组。

将 IPv4 地址编码过渡到 IPv6，可行的办法是在 IPv6 地址中嵌入 IPv4，前 80 位设为 0，紧跟的 16 位表明嵌入方式，最后的 32 位为 IPv4 地址。当 16 位的嵌入方式为全"0"时，称为 IPv4 兼容的 IPv6 地址；当 16 位的嵌入方式为全"1"时，称为 IPv4 映射的 IPv6 地址。

2017 年，中共中央办公厅、国务院办公厅印发《推进互联网协议第六版（IPv6）规模部署行动计划》，加快推进下一代互联网规模部署，IPv6 地址资源明显增长。从 2017 年 6 月到 2022 年 6 月，我国 IPv6 地址数年复合增长率达 20.2%。截至 2022 年 6 月，全国 IPv6 互联网活跃用户数达到 6.83 亿。2004 年我国第一个基于 IPv6 的主干网 CERNET2（第二代教育网）开通并提供服务，很多高校已申请 IPv6 地址段并接入了 CERNET2。

4.2.2 ARP/RARP

1. ARP/RARP 的功能

4-9 ARP

ARP 用于将 IP 地址解析为物理地址。RARP 用于将物理地址解析为 IP 地址。由于通过 IP 地址可以找到该 IP 地址所在的网络，因此 IP 地址主要用于广域网上的路由选择；而在数据链路层上传输数据时，无论上层使用何种协议，必须使用物理地址（又称为硬件地址）进行寻址。例如，在以太网环境中，一般采用 MAC 地址寻址，即通过目的 MAC 地址寻找数据接收方并进行数据传输。ARP/RARP 在 TCP/IP 分层模型中的位置如图 4-9 所示。

在 TCP/IP 网络环境下，每台主机都分配了一个 32 位的 IP 地址，IP 地址是在网际范围标识主机的一种逻辑地址。为了让报文在物理线路上传送，必须知道对方目的主机的物理地址。这样就必须把目的主机的 32 位 IP 地址转换成为 48 位以太网的地址，提供该功能的协议就是 ARP。RARP 用于那些没有磁盘驱动器的系统（一般是无盘工作站或 X 终端），有本地磁盘的系统引导时，一般是从磁盘上的配置文件中读取 IP 地址，但对于无盘工作站，则需要采用其他方法来获取 IP 地址。ARP/RARP 功能如图 4-10 所示。

图 4-9 ARP/RARP 位置

图 4-10 ARP/RARP 功能

2. ARP 的工作过程

局域网中的某台主机要发送数据给另一台主机，知道对方的 IP 地址，但不知道对方的 MAC 地址。此时就需要先通过 ARP 解析出对方的 MAC 地址，才能正确发送和接收数据。

4-10 ARP 工作原理

假设拓扑结构如图 4-11 所示，主机 B 的 IP 地址为 200.10.1.2，MAC 地址为 00-17-31-A6-AC-BE，主机 E 的 IP 地址为 200.10.1.5，主机 B 要查询主机 E 的 MAC 地址以便发送数据给主机 E，则 ARP 解析过程如下：

1）主机 B 的 ARP 进程在本局域网上广播一个 ARP 请求包，如图 4-12 所示，其内容为"我是 200.10.1.2，MAC 地址是 00-17-31-A6-AC-BE，我想知道 200.10.1.5 的 MAC 地址"。

图 4-11　ARP 解析示例拓扑

图 4-12　广播 ARP 请求

2）在本局域网上的所有主机（A、C、D、E）都收到此 ARP 请求包。

3）主机 E 在 ARP 请求包中见到自己的 IP 地址，就向主机 B 发送 ARP 响应包，在响应包中写入自己的 MAC 地址。其余所有的主机（A、C、D）都不会响应，如图 4-13 所示。ARP 响应包的主要内容是"我是 200.10.1.5，MAC 地址是 00-19-33-A6-AC-B0"。

图 4-13　ARP 响应

4）主机 B 收到主机 E 发送过来的响应分组后，就在其高速缓存中写入主机 E 的 IP 地址到 MAC 地址的映射。写入缓存的作用是，以后主机 B 再发送数据给主机 E，就不需要再次通过 ARP 查询主机 E 的 MAC 地址，而是可以直接从主机 B 的缓存中读出主机 E 的 MAC 地址。

3. RARP 工作过程

逆向地址解析协议（RARP）允许局域网的物理机器从 RARP 服务器的 RARP 映射表或者缓存上请求其 IP 地址。对于一些没有磁盘的主机来说，由于其自身不能保存数据，因此网络管理员需要在局域网中的 RARP 服务器里创建一个表以映射 MAC 地址和与其对应的 IP 地址，当某一无盘系统启动时，其 RARP 客户机程序需要向局域网中的 RARP 服务器请求相应的 IP 地址，如图 4-14 所示。

具体步骤如下。

1）无盘机（RARP 客户机）发送一个本地的 RARP 广播，在此广播包中声明自己的 MAC 地址，并且请求任何收到此请求的 RARP 服务器分配一个 IP 地址。

图 4-14 RARP 工作过程

2）本地网段上的 RARP 服务器收到此请求后，检查其 RARP 映射表，查找该 MAC 地址对应的 IP 地址。

3）如果对应的 IP 地址存在，RARP 服务器就给无盘机发送一个响应数据包并将此 IP 地址提供给对方主机使用；如果不存在，RARP 服务器对此不做任何的响应。

4）无盘机收到来自 RARP 服务器的响应信息，就利用得到的 IP 地址进行通信；如果一直没有收到 RARP 服务器的响应信息，表示初始化失败。

4.3　IP 路由技术

4.3.1　路由及其分类

4-11
路由及其分类

IP 规定了包括逻辑寻址信息在内的 IP 数据包格式，使网络上的主机有了一个唯一的逻辑地址标识。但 IP 数据包只能告诉网络设备数据包要往何处去，还不能解决如何去的问题，而路由协议则提供了关于如何到达既定目标的路径信息。

路由是指数据包转发路径选择的方法和过程。在 TCP/IP 协议簇的体系结构中，路由功能在网络层通过路由器实现。路由器中有一个路由表，当其所连接的一个网络上的数据分组到达路由器后，路由器根据数据分组中的目的地址，参照路由表，以最佳路径把分组转发出去。

根据路由表的生成方法，可将路由分为静态路由和动态路由两类。

所谓静态路由是指网络管理员根据其所掌握的网络连通信息以手工配置方式创建的路由表表项。这种方式要求网络管理员对网络的拓扑结构和网络状态有着非常清晰的了解，而且当网络拓扑或状态发生变化时，静态路由的更新也要通过手工方式完成。静态路由通常被用于边缘网络，即和其他网络只有一个连接点的网络。显然，当网络互联规模增大或网络中的变化因素增加时，依靠手工方式生成和维护一个路由表的困难会变得不可想象，同时静态路由也很难及时适应网络状态的变化。此时我们希望有一种能自动适应网络状态变化而对路由表信息进行动态更新和维护的路由生成方式，这就是动态路由。

动态路由是指路由协议通过自主学习而获得的路由信息，通过在路由器上运行动态路由协议，即可根据信道带宽、可靠性、延时、负载、跳数和费用等信息自动生成并维护正确的路由表，还可从周边路由器获取路由信息并进行同步。使用动态路由构建的路由表不仅能更好地适应网络状态的变化，如网络拓扑和网络流量的变化，同时也减少了人工生成与维护路由表的工作量。但为此付出的代价则是用于运行路由协议的路由器之间为了交换和处理路由更新信息而带来的资源耗费。常见的动态路由协议包括路由信息协议（Routing Information Protocol，RIP）、内部网关路由协议（Interior Gateway Routing Protocol，IGRP）、开放最短通路优先协议（Open Shortest Path First，OSPF）等。

4.3.2 路由器工作原理

路由器（图 4-15）是用于实现网络层路由选择和数据转发功能的网络互联设备。一个网络内部一般不需要路由器，路由器一般用于将局域网接入广域网或者将多个网络互联。

图 4-15 路由器
a) 机架式路由器 b) 桌面式路由器

路由器并不关心主机，只关心网络的位置以及通向每个网络的路径。路由器的某一个端口在收到 IP 数据包后，利用 IP 数据包中的 IP 地址和子网掩码计算出目标网络号，并将目标网络号与路由表进行匹配，即确定是否存在一条到达目标网络的最佳路径信息。若存在匹配的路径信息，则将 IP 数据包重新进行封装并将其从路由器相应端口转发出去；若不存在匹配的路径信息，则将相应的 IP 数据包丢弃。上述查找路由表以获得最佳路径信息的过程被称为路由器的"路由"功能，而将从接收端口进来的数据在输出端口重新转发出去的功能称为路由器的"交换"功能。"路由"与"交换"是路由器的两大基本功能。

下面以如图 4-16 所示的网络拓扑说明路由器的工作原理。

图 4-16 路由器工作原理示例拓扑

在该拓扑中，两个 C 类网 192.168.0.0 和 192.168.1.0 通过路由器 A 和路由器 B 相联，两个路由器之间还有一个 C 类网 200.8.20.0。在路由器的每个端口上配置了所连接网络中的 IP 地址，如表 4-4 所示。

表 4-4 示例拓扑中的路由器端口 IP 配置

路 由 器	端 口	IP 地址
A	E0	192.168.0.1
	E1	200.8.20.65

（续）

路 由 器	端　　口	IP 地址
B	E0	192.168.1.1
	E1	200.8.20.66

路由器的路由表中记录了每一个目的网络的下一跳地址和端口。例如，对于路由器 A 来说，网络 192.168.0.0 和 200.8.20.0 直接连接在 E0 和 E1 口上，而网络 192.168.1.0 没有直接连接在路由器 A 上，通向网络 192.168.1.0 的下一个路由器的地址是 200.8.20.66，因此 200.8.20.66 被称为目的网络 192.168.1.0 的下一跳地址。路由器 A 的路由表如表 4-5 所示。

表 4-5　路由器 A 的路由表

路 由 器	目 的 网 络	下一跳地址	转 发 端 口
A	192.168.0.0	直连	E0
	200.8.20.0	直连	E1
	192.168.1.0	200.8.20.66	E1

同理，路由器 B 的路由表如表 4-6 所示。

表 4-6　路由器 B 的路由表

路 由 器	目 的 网 络	下一跳地址	转 发 端 口
B	192.168.1.0	直连	E0
	200.8.20.0	直连	E1
	192.168.0.0	200.8.20.65	E1

当同一网络中的主机进行数据传输时，例如，图 4-16 中的 A 要发送数据给 B，由于此时 IP 数据包中源 IP 地址和目的 IP 地址在同一网络中，IP 数据包不经过路由器而直接由交换机根据 MAC 地址表转发。

当不同网络中的主机进行数据传输时，由路由器转发 IP 数据包。路由器接收到数据包后，如果目的 IP 地址所在的网络是直连网络，则直接从直连网络相应的端口转发。例如，主机 F 发送数据到主机 C，由于主机 F 所在的网络 200.8.20.0 和主机 C 所在的网络 192.168.0.0 不同，因此 IP 数据包首先被发送到路由器 A。路由器 A 在路由表中查询到网络 192.168.0.0 直连在 E0 端口上，因此将 IP 数据包从 E0 端口转发出去。

如果目的 IP 地址所在的网络也不是直连网络，则根据路由表将接收到的 IP 数据包转发到下一跳地址，由下一跳地址所在的路由器继续转发。例如，主机 A 发送数据到主机 D，由于主机 A 所在的网络 192.168.0.0 和主机 D 所在的网络 192.168.1.0 不同，因此 IP 数据包首先被发送到路由器 A。路由器 A 在路由表中查询到网络 192.168.1.0 的下一跳地址是 200.8.20.66，下一跳地址的端口为 E1，因此将 IP 数据包从 E1 端口转发到 200.8.20.66，200.8.20.66 所在的路由器 B 的 E1 端口接收该 IP 数据包，并根据路由器 B 的路由表将该 IP 数据包从 E0 端口发送到路由器 B 的直连目的网络 192.168.1.0。

从上述路由器的工作原理可以看出，路由器的路由表中只存放目的网络的相关信息，并没有主机的信息，路由器的工作任务主要是根据一定的算法和策略决定如何将来自一个网络的 IP 数据包转发到另一个网络，而在一个网络内部则由交换机将 IP 数据包封装成数据链路层的帧，再根据交换机的 MAC 地址表转发。

4.4 应用案例

案例描述：

公司搬迁到两栋新楼：楼 A 和楼 B，通过租用 ISP 的一条百兆光纤专线接入 Internet，并从 ISP 处获取了 2 个公有 IP 地址，已知网络拓扑如图 2-25 所示。

公司领导交给小朱一个任务：合理分配办公计算机和服务器的 IP 地址，正确配置网络设备，使所有主机能访问 Internet。

案例分析：

由于目前公有 IP 地址使用价格较高，公司只向 ISP 支付了两个公有 IP 地址的使用费用，假设这两个 IP 地址为 IP1 和 IP2，可以将 IP1 配置在路由器 A 的上联口（即通向 Internet 的口）上，将 IP2 配置在服务器上便于外网访问。办公计算机可以使用私有 IP 地址，由于 A 楼共有 200 台主机，可以使用 C 类私有 IP 地址组成一个 C 类网，B 楼共有 500 台主机，一个 C 类网容纳不下，可以使用 B 类私有 IP 地址组成一个 B 类网。

网络设备中，交换机一般不需配置，路由器上需要配置如下内容。

- 在路由器的每个端口上配置 IP 地址。
- 配置路由表，使 IP 数据包能够正确地被路由器转发。
- 由于内部使用了私有 IP 地址，因此须配置 NAT 才能接入 Internet。

解决方案：

小朱的解决方案如下。

1）A 楼中的办公计算机使用私有 IP 地址组成一个 C 类网，B 楼中的办公计算机使用私有 IP 地址组成一个 B 类网，服务器配置 ISP 提供的公有 IP 地址。公司主机 IP 地址规划表如表 4-7 所示。

表 4-7 公司主机 IP 地址规划表

地 点	主机数量	IP 地址范围	子网掩码	网关地址
A 楼	200	192.168.0.2～192.168.0.254	255.255.255.0	192.168.0.1
B 楼	500	172.16.0.2～172.16.1.254	255.255.0.0	172.16.0.1
服务器	1	ISP 提供的 IP2	ISP 提供	ISP 提供

2）路由器的端口用于连接其他路由器或连接局域网，每个端口上都需要配置 IP 地址。如果该端口用于连接其他路由器，则配置的 IP 地址应为互联网段中的 IP 地址；如果该端口用于连接局域网，则配置的 IP 地址应为局域网的网关。公司路由器 A 和路由器 B 的端口 IP 地址配置如图 4-17 所示。

需要说明的是，从图 4-17 中可以看出，除了 A、B 楼两个局域网之外，在路由器 A 和路由器 B 之间还存在一个互联网段 192.168.1.0 用于连接两台路由器，该网段只使用了两个 IP 地址：192.168.1.1 配置在路由器 A 的 E2 口上，192.168.1.2 配置在路由器 B 的 E0 口上。

3）由于公司内部网络拓扑较为简单且比较稳定，因此为了提高路由器转发效率，可以使用静态路由。公司路由器 A 和路由器 B 的静态路由表配置见表 4-8。

图 4-17 路由器端口 IP 地址配置

表 4-8 静态路由表配置

路由器	目的网络	下一跳地址	转发端口
A	0.0.0.0	ISP 提供	E0
	192.168.0.0	直连	E1
	192.168.1.0	直连	E2
	172.16.0.0	192.168.1.2	E2
B	0.0.0.0	192.168.1.1	E0
	172.16.0.0	直连	E1

需要说明的是,目的网络为 0.0.0.0 的路由表条目被称为默认路由,即当没有找到任何匹配的路由条目时,按该路由指定的下一跳地址进行转发。例如,对于路由器 A 来说,除了目的网络为内部的 3 个网段以外的 IP 数据包都被路由器 A 从 E0 口转发到 ISP 提供的下一跳地址,该地址实际上是 ISP 提供的公网地址 IP1、IP2 的网关,位于公司出口光纤的另一端。对于路由器 B 来说,除目的网络为 172.16.0.0 以外的 IP 数据包都被路由器 B 从 E0 口转发到下一跳地址 192.168.1.1,即路由器 A。

4)由于公司内部网络使用了私有 IP 地址,私有 IP 地址在接入 Internet 时必须被转换到公有 IP 地址。因此在路由器 A 上还需要配置 NAT 策略。由于路由器 A 上只有一个公有 IP 地址,而内部有数百个私有 IP 地址,因此应采取 NAT 中的端口地址转换方式。关于 NAT 技术请参考本书第 5 章相关内容。

4.5 本章小结

数据链路层实现了根据物理地址(如 MAC 地址)的物理寻址,网络层则实现了根据逻辑地址(如 IP 地址)的逻辑寻址。网络层首先通过逻辑地址将主机组成大小不同的网络,再根据指向网络地址的路由表实现逻辑寻址,将数据从源网络传输到目的网络。数据传输到目的网络内部以后，再通过 ARP 将目的 IP 地址解析为目的 MAC 地址，最后将数据交由数据链路层和物理层传输到目的主机。

网络层的设备主要是路由器，路由器中记录了指向目的网络下一跳地址的路由表，路由器接收到一个网络层的数据包以后，根据目的 IP 地址和子网掩码计算出目的网络，并根据目的网络查找路由表将数据包转发给该目的网络的下一跳地址。

习题

一、选择题

1. 通信子网中的最高层是（　　）。
   A．物理层　　　　　　B．数据链路层　　　　C．网络层　　　　　D．传输层
2. 网络层的功能不包括（　　）。
   A．路由选择　　　　　B．网络互联　　　　　C．拥塞控制　　　　D．物理寻址
3. 关于 IP 地址的说法错误的是（　　）。
   A．IP 地址长度为 32 位
   B．每台主机的 IP 地址是固定的
   C．IP 地址分为网络号和主机号两部分
   D．根据 IP 地址可以知道其所在的网络地址
4. 176.3.23.54 属于（　　）类 IP 地址。
   A．A　　　　　　　　B．B　　　　　　　　C．C　　　　　　　　D．D
5. 222.23.4.78 所在网络的网络地址是（　　），广播地址是（　　）。
   A．222.23.0.0　　　　B．222.23.4.0　　　　C．222.23.255.255　　D．222.23.4.255
6. B 类网络的默认子网掩码是（　　）。
   A．255.0.0.0　　　　B．255.255.0.0　　　　C．255.255.255.0　　D．255.255.255.255
7. 子网掩码 255.255.255.240 将 IP 地址 200.1.2.35 所在的网络划分为（　　）个子网。
   A．4　　　　　　　　B．8　　　　　　　　C．16　　　　　　　　D．32
8. 下列 IP 地址中，和上题中的 IP 地址属于同一子网的是（　　）。
   A．200.1.2.31　　　　B．200.1.2.41　　　　C．200.1.2.51　　　　D．200.1.2.61
9. IPv6 的地址长度为（　　）位。
   A．32　　　　　　　　B．48　　　　　　　　C．64　　　　　　　　D．128
10. 关于路由器的说法错误的是（　　）。
    A．路由器工作在网络层
    B．路由器根据路由表和目的 IP 地址计算下一跳地址和转发端口
    C．路由表可采用静态配置的方式，也可采用动态生成的方式
    D．路由器接收和转发数据的单位为帧

二、简答题

1. 某公司内部采用 192.168.0.1～192.168.0.255 C 类私有地址段。若想划分为 8 个子网，应如何设置子网掩码？划分后每个子网的 IP 地址范围是多少？划分后共可容纳多少台主机？

2．ARP 的作用是什么？简述其工作原理。

3．已知某路由器的路由表如表 4-9 所示。

表 4-9 某路由器的路由表

目 的 网 络	下一跳地址	转 发 端 口
192.168.0.0	直连	E0
192.168.1.0	直连	E1
200.3.4.0	200.3.4.1	E0
166.8.0.0	166.8.0.1	E1

若接收到一个目的 IP 地址为 200.3.4.42 的 IP 数据包，则该 IP 数据包将被从哪个端口转发？为什么？

第 5 章 传输层

知识目标

1. 理解传输层功能、端口的概念及主要协议
2. 理解 TCP 和 UDP 的异同
3. 了解 TCP 连接的建立过程及可靠性机制
4. 理解 NAT 技术的原理及应用

能力目标

能够在路由器上使用 NAT 实现内外网地址转换

素质目标

1. 通过分析 TCP 建立连接时三次握手的过程及其可靠性机制，理解"三思而后行"的道理，并思考在学习和生活中如何更可靠地完成任务
2. 通过分析 UDP 非连接的传输过程及其高效但不可靠的特点，理解"欲速则不达"的道理
3. 通过 TCP 和 UDP 特点的比较，懂得如何辩证地看待优点和缺点，理解事物之间既对立又统一的关系

建议实训

实训 11：传输层协议分析
实训 12：NAT 技术

1+X 要求

能够理解 NAT 原理，完成 NAT 基本配置

5.1 传输层概述

5.1.1 传输层及其功能

通过前面的学习可知，物理层可以在链路上透明地传输比特流，数据链路层使得相邻节点所构成的链路能够传输无差错的帧，网络层提供路由选择、网络互联等功能。而对于用户进程来说，希望得到的是端到端的服务，而不关心数据是如何传输的，传输层的主要功

5-1
传输层及其功能

能就是建立端到端的传输。

综上所述，通常又将 OSI 模型中的下面三层称为面向通信子网的层，而将传输层及以上的各层称为面向资源子网或主机的层。只有资源子网中的终端设备才具有传输层功能，通信子网中的设备至多具备 OSI 下面三层的功能（即通信功能），如图 5-1 所示。

图 5-1 通信子网和资源子网中的分层结构

传输层是 OSI 模型的第 4 层，它提供了端到端（End-to-End）的信息传递。传输层的最终目标是向其用户（应用层的进程）提供有效、可靠的服务。也可以这样理解，作为资源子网中的端用户是不可能对通信子网内部加以直接控制的，即端用户无法对网络中间的某个节点设备控制，无法决定节点和节点之间的路由，也不能保证数据在通信子网内部传输的可靠性。因此只能依靠在自己主机上所增加的这个传输层来检测分组的丢失或数据的残缺并采取相应的措施，从而保障数据端到端传递的可靠性。

具体来说，传输层具有以下功能和特点。

1）传输层只在两端（发送端和接收端）存在，因此传输层的功能和实现与当前使用的网络无关，也不管理或干涉数据在网络中传输的路径和过程。

2）传输层负责操作系统各进程和通信子网之间的端口，即通过传输层将操作系统的不同进程在通信子网中传输的数据加以区分，从而保证在接收端接收的数据能正确地发送到各进程。

3）传输层提供端到端的错误恢复与流量控制，能对网络层出现的丢包、乱序或重复等问题做出反应。

4）传输层提供数据分段功能，从而便于丢包重传并减少网络阻塞的概率。当上层的协议数据包的长度超过传输层所能承载的最大数据传输单元时，要提供必要的分段功能，在接收方的对等层还要提供合并分段的功能。

综上所述，传输层不仅有存在的必要，它还是 OSI 七层模型中非常重要的一层，起到承上启下、不可或缺的作用。

5.1.2 传输层端口

在网络技术中，端口（Port）包括物理端口和逻辑端口。

集线器、交换机、路由器的端口指的是连接其他网络设备的接口，如双绞线端口、光纤端口等；计算机主板的端口指的是主机连接外设的端口，如并口、串口、USB 口、键盘鼠标口等。这些都是物

5-2
传输层端口

理端口。

传输层端口则是逻辑意义上的端口，它和物理端口没有关系，只是网络通信进程的一种标识，属于一种抽象的软件结构，包括一些数据结构和 I/O（输入/输出）缓冲区。

现在的操作系统都是多进程操作系统，即可以同时运行多个进程，这些进程中可能有一部分需要同时访问网络，那么如何区别不同进程通过网络发送和接收的数据呢？显然不能只靠 IP 地址，因为 IP 地址与网络进程的关系是一对多的关系，实际上是通过"IP 地址+端口号"[也叫套接字（Socket）]来区分不同的网络进程的。同一 IP 地址上的不同进程通过打开不同的端口，与其他主机建立连接，发送或接收数据。

端口在传输层的作用有点类似 IP 地址在网络层的作用或 MAC 地址在数据链路层的作用，只不过 IP 地址和 MAC 地址标识的是主机，而端口标识的是网络进程。由于同一时刻一台主机上会有大量的网络进程在运行，因此需要有大量的端口号来标识不同的进程。

端口的工作过程如下：应用程序调入内存运行即成为进程，进程通过系统调用与某传输层端口绑定后，相应进程发给传输层的数据也都从该端口输出；当目的主机接收到传输层分组数据包后，将根据报文头部的目的端口号，把数据发送到相应端口，而与此端口相对应的那个进程将会读取数据并等待下一组数据的到来。

每个端口都有一个端口标识，一般称为端口号，其长度为 16bit，也就是说，在一个 IP 地址上可以定义 2^{16}=65 536 个端口，其端口号范围为 0～65 535。由于 TCP/IP 传输层的 TCP 和 UDP 两个协议是两个完全独立的软件模块，因此各自的端口号也相互独立，即各自可独立拥有 2^{16} 个端口。例如，TCP 有 132 端口，UDP 也可以有 132 端口，两者并不冲突。

每个 IP 地址上的 65 536 个端口又被分为两部分：静态端口和动态端口。

静态端口的范围是 0～1023，又称为固定端口。它们一般位于应用层协议的服务器端，用于紧密绑定于一些服务。通常，打开一个静态端口表明该主机在该端口上提供了一个应用层的服务，可以接收客户端的请求并发送服务器端的响应。由于服务器端作为提供服务的一方需要一个相对固定的访问方式，因此其打开的端口相对固定，否则客户端就不知道访问服务器端的是哪个端口。例如，Web 网站在应用层使用 HTTP，HTTP 在服务器端默认打开 80 端口，这是一个静态端口。常用的静态端口如表 5-1 所示。

表 5-1 常用静态端口表

应用层协议	传输层协议	传输层端口
FTP（文件传输协议）	TCP	21
SSH（安全 Shell 服务）	TCP	22
Telnet（远程登录协议）	TCP	23
SMTP（简单邮件传送协议）	TCP	25
HTTP（超文本传输协议）	TCP	80
POP3（邮局协议版本 3）	TCP	110
DNS（域名解析协议）	UDP	53
TFTP（小文件传输协议）	UDP	110
SNMP（简单网络管理协议）	UDP	161

动态端口的范围是 1024～65 535，又称为随机端口。它们一般位于应用层协议的客户端，用于动态地给一个客户端分配进程。通常，打开一个动态端口表明该主机在该端口上有一个进程要访问网络，可以发送请求并接收服务器端的响应。由于客户端进程是主动访问服务器端进

程的，因此并不需要固定的端口，只须随机打开一个动态端口即可。正如买东西的人是流动的，而卖东西的人往往相对固定在一个地方。例如，客户端浏览器访问某一个 Web 网站，使用 2434 端口访问对方的 80 端口，关闭浏览器后再次访问同一网站，可能使用另一个 34 226 端口访问对方的 80 端口，因此这种端口被称为动态端口或随机端口。

传输层端口结构如图 5-2 所示。

图 5-2 传输层端口结构

 思考：

为什么应用层的服务器端一般使用静态端口而客户端使用动态端口？

在 Windows 操作系统中，可以在命令提示符中使用 netstat -an 命令查看本机的开放端口，如图 5-3 所示。显示结果中的列 Proto 表示端口所属的协议名（TCP/UDP），列 Local Address 表示本机 IP 地址和打开的端口号，列 Foreign Address 表示所连接的对端 IP 地址和打开的端口号，列 State 表示状态（LISTENING 监听/ESTABLISHED 已连接/SYN_SENT 请求连接/SYN-RECEIVED 接收请求/LAST_ACK 确认连接/TIME_WAIT 等待/CLOSE_WAIT 等待关闭/CLOSED 关闭等）。

```
C:\Documents and Settings\Administrator>netstat -an

Active Connections

  Proto  Local Address          Foreign Address        State
  TCP    0.0.0.0:21             0.0.0.0:0              LISTENING
  TCP    0.0.0.0:80             0.0.0.0:0              LISTENING
  TCP    0.0.0.0:135            0.0.0.0:0              LISTENING
  TCP    0.0.0.0:443            0.0.0.0:0              LISTENING
  TCP    0.0.0.0:445            0.0.0.0:0              LISTENING
  TCP    0.0.0.0:1025           0.0.0.0:0              LISTENING
  TCP    0.0.0.0:3389           0.0.0.0:0              LISTENING
  TCP    0.0.0.0:7909           0.0.0.0:0              LISTENING
  TCP    0.0.0.0:9000           0.0.0.0:0              LISTENING
  TCP    127.0.0.1:1026         0.0.0.0:0              LISTENING
  TCP    127.0.0.1:1050         127.0.0.1:1051         ESTABLISHED
  TCP    127.0.0.1:1051         127.0.0.1:1050         ESTABLISHED
  TCP    127.0.0.1:9000         0.0.0.0:0              LISTENING
  TCP    127.0.0.1:62522        0.0.0.0:0              LISTENING
  TCP    222.184.16.213:135     61.164.87.181:2151     TIME_WAIT
  TCP    222.184.16.213:135     222.184.12.216:61404   ESTABLISHED
  TCP    222.184.16.213:139     0.0.0.0:0              LISTENING
  UDP    0.0.0.0:161            *:*
  UDP    0.0.0.0:445            *:*
  UDP    0.0.0.0:1036           *:*
  UDP    0.0.0.0:1044           *:*
```

图 5-3 使用 netstat -an 命令查看本机开放端口

从图 5-3 可以看出，本机端口 21、80、135、443 等端口被打开，处于监听状态，说明此时没有其他主机访问这些端口；本机端口 1050、1051 等端口处于已建立连接状态，说明此时存在其他主机访问这些端口。

如果该主机此时访问 http://www.baidu.com 或者 http://119.75.217.109，由于 www.baidu.com 对

应的 IP 地址为 119.75.217.109，使用 netstat –an 命令可以看到本机 5218 端口连接了 119.75.217.109 的 80 端口，如图 5-4 所示。说明此时该 TCP 连接的客户端使用了动态端口 5218，服务器端使用了静态端口 80。

```
TCP    210.29.228.97:5218    119.75.217.109:80    ESTABLISHED
```

图 5-4 访问www.baidu.com时打开的端口

在 Windows 操作系统中，还可使用 netstat –ano 命令查看本机开放端口及其对应的操作系统进程，如图 5-5 所示。图中，PID 列表示打开该端口的进程号，对照 Windows 任务管理器可以知道打开该端口的进程名称，如图 5-6 所示。例如，该主机的端口 21 和端口 80 被进程 1876 即 INETINFO.EXE（即 IIS）打开。

```
C:\Documents and Settings\Administrator>netstat -ano
Active Connections

  Proto  Local Address          Foreign Address        State           PID
  TCP    0.0.0.0:21             0.0.0.0:0              LISTENING       1876
  TCP    0.0.0.0:80             0.0.0.0:0              LISTENING       1876
  TCP    0.0.0.0:135            0.0.0.0:0              LISTENING       1172
  TCP    0.0.0.0:443            0.0.0.0:0              LISTENING       1876
  TCP    0.0.0.0:445            0.0.0.0:0              LISTENING       4
  TCP    0.0.0.0:1025           0.0.0.0:0              LISTENING       1876
  TCP    0.0.0.0:3389           0.0.0.0:0              LISTENING       1108
  TCP    0.0.0.0:7909           0.0.0.0:0              LISTENING       388
  TCP    0.0.0.0:9000           0.0.0.0:0              LISTENING       2232
  TCP    127.0.0.1:1026         0.0.0.0:0              LISTENING       1316
  TCP    127.0.0.1:1050         127.0.0.1:1051         ESTABLISHED     2232
  TCP    127.0.0.1:1051         127.0.0.1:1050         ESTABLISHED     2232
  TCP    127.0.0.1:9000         0.0.0.0:0              LISTENING       2232
  TCP    127.0.0.1:62522        0.0.0.0:0              LISTENING       1492
  TCP    222.184.16.213:139     0.0.0.0:0              LISTENING       4
  TCP    222.184.16.213:445     222.184.7.166:1703     ESTABLISHED     4
  TCP    222.184.16.213:2891    222.184.16.210:139     TIME_WAIT       0
  UDP    0.0.0.0:161            *:*                                    1924
```

图 5-5 使用 netstat –ano 命令查看本机开放端口及对应的操作系统进程

图 5-6 使用任务管理器查看进程 PID

除了 netstat 命令，还可以使用 FPort 和 WinScan 等工具查看主机的端口状态。

5.1.3 传输层协议

在 TCP/IP 协议簇中，传输层只有两种协议：TCP 和 UDP。TCP 和 UDP 都实现了端到端的数据分段和传输功能，区别在于 TCP 在传输数据之前需要在发送方和接收方之间建立连接，并且提供了多种机制保证了数据传输的可靠性；而 UDP 在传输数据之前不需要建立连接，也不保证数据传输的可靠性，但其传输效率比 TCP 更高。下面对这两种协议进行详细讲解。

5.2 TCP

5.2.1 TCP 的功能及格式

TCP 提供面向连接的、可靠的端到端传输服务。在 TCP/IP 体系中，采用 TCP 传输的协议数据单元称为 TCP 报文段，简称段（Segment）。TCP 将数据流看作字节的序列，其将从用户进程所接收任意长的数据，分割成长度不超过 64KB（包括 TCP 头在内）的段，以适合 IP 数据包的载荷能力。所以对于一次传输要交换大量报文的应用（如文件传输、远程登录等），往往需要以多个分段进行传输。

TCP 发送和接收报文（段）的过程如图 5-7 所示。

图 5-7　TCP 发送和接收报文（段）

TCP 报文（段）的格式如图 5-8 所示。

TCP 报文（段）由多个字段组成，各字段说明如下。

1）源端口（Source Port）：长度为 16 位，表示发送端端口号。

2）目的端口（Destination Port）：长度为 16 位，表示接收端端口号。

3）序列号（Sequence Number）：长度为 32 位，表示该报文（段）在发送方的数据流中的位置。

图 5-8 TCP 报文（段）的格式

4）确认号（Acknowledge Number）：长度为 32 位，表示期望收到的下一个段的第一个字节，并声明此前的所有数据已经正确无误地收到，因此，确认号应该是上次成功收到的数据字节序列号加 1，收到确认号的源主机会知道特定的段已经被收到。确认号字段只在 ACK 标志被设置时才有效。

5）数据偏移（Data Offset）：长度为 4 位，又称为头部长度。由于 TCP 头部可能含有选项内容，因此头部的长度是不确定的。该 4 位数据表示的值以 32 位字长为单位。当没有使用选项和填充字段时，TCP 的头部长度是 20 字节（即 5×32bit），此时报文的数据偏移字段 4 位数据值为 0101（即十进制值 5），假如某 TCP 报文使用了选项和填充字段，其头部的长度为 6×32bit，则该报文的数据偏移字段 4 位数据值为 0110（即十进制值 6）。该字段实际上也指示了数据区在报文段中的起始偏移值。

6）保留（Reserved）：长度为 6 位，一般为全 0 值，为将来定义新的用途保留。

7）控制位（Control Bits）：长度为 6 位，每个控制位都可以打开或关闭一个控制功能。具体每一位的控制功能如下。

- URG（URGent，紧急）：长度为 1 位，表示 TCP 包的紧急指针字段有效，用来保证 TCP 连接不被中断，并且督促中间设备尽快处理这些数据。
- ACK（ACKnowledge，确认）：长度为 1 位，取 1 时表示应答字段有效，即 TCP 应答号将包含在 TCP 段中，为 0 则反之。
- PSH（PUSh，推送）：长度为 1 位，这个标志表示 Push 操作。所谓 Push 操作就是指在数据包到达接收端以后，立即送给应用程序，而不是在缓冲区中排队。
- RST（ReSeT，重置）：长度为 1 位，这个标志表示连接复位请求，用来复位那些产生错误的连接，也被用来拒绝错误和非法的数据包。
- SYN（SYNchronize，同步）：长度为 1 位，表示同步序号，用来建立连接。
- FIN（FINish，结束）：长度为 1 位，表示发送端已经发送到数据末尾，数据传送完成，发送 FIN 标志位的 TCP 段，连接将被断开。

8）窗口（Window）：长度为 16 位，目的主机使用该字段告诉源主机它期望每次收到的数据的字节数。

9）校验和（Checksum）：长度为 16 位，在接收端根据该字段对接收的数据进行错误检查和纠正。

10）紧急指针（Urgent Pointer）：长度为 16 位，可选，指向段内的最后一个字节位置，这个字段只在 URG 标志被设置时才有效。

11）选项（Option）：长度可变，可选，提供一种增加额外设置的方法，如最大 TCP 分段大小的约定。

12）填充（Padding）：长度可变，可选，当选项字段长度不足 32 位字长时，需要加以填充。

13）数据（Data）：来自高层（即应用层）的数据。

5.2.2 TCP 连接的建立和拆除过程

1．TCP 连接的建立

TCP 为了保障线路的可靠性，采用虚电路连接方式进行工作，在发送数据前需要在发送方和接收方之间建立一个连接，然后从应用层程序中接收数据并进行传输。

TCP 连接的建立采用客户端/服务器端（C/S）方式。服务器端运行服务器进程，使服务器端 TCP 端口打开，处于"侦听"状态，准备接收客户端进程的请求。客户端运行客户端进程，使客户端 TCP 端口打开，准备与某个服务器的某个端口建立连接。整个连接过程需要发送和接收 3 个特定格式的 TCP 数据包，一般被称为三次握手，如图 5-9 所示。

图 5-9 TCP 建立连接的三次握手过程

（注：图中 SEQ 表示 SEQuence Number，ACN 表示 ACKnowledge Number）

三次握手的具体过程如下。

第 1 次握手（客户端请求连接）：客户端向服务器端发出连接请求段，其头部中的控制位 SYN（同步）置为 1，控制位 ACK（确认）置为 0，同时将 SEQ（序列号）置为 x，表明在后续传送的数据第 1 个数据字节的序号是 x。

第 2 次握手（服务器端确认连接）：服务器端收到连接请求段后，如同意，则发回确认，将控制位 SYN（同步）和 ACK（确认）都置为 1，将 SEQ（序列号）置为 $x+1$，同时将 ACN（确认号）置为 y。

第 3 次握手（客户端确认连接）：客户端收到此段后，还要向服务器端发送确认，其头部中的控制位 SYN（同步）置为 0，控制位 ACK（确认）置为 1，SEQ（序列号）置为 $x+1$，ACN（确认号）置为 y。

通过三次握手成功完成 TCP 连接后，客户端和服务器端都已准备好，并且数据传输链路可用，接下来就可以传输有效数据。不管哪一方先发起连接请求，一旦连接建立，就可以实现全双向的数据传送，不存在主从关系。

思考一下，为何建立 TCP 连接的过程如此复杂？这主要是由于在拥塞的网络中，确认可能不能及时返回，此时每个分组由于在规定时间内得不到确认而需要重发两次或三次，每个分组又拥有不同的路由，一些分组可能会因网络内部线路拥塞，被存储在某个路由器里，需要很长一段时间才能到达。因此需要给每个握手报文设定序号和状态，在建立连接时双方要商定初始序号，并通过控制位显示当前的握手状态。

2．TCP 连接的拆除

数据传输完成后，还要进行 TCP 连接的拆除或关闭。由于 TCP 连接是全双工的，可以看作两个不同方向的单工数据流传输，因此一个完整连接的拆除涉及两个单向连接的拆除。拆除连接的握手过程分为 4 步，以客户端向服务器端发送拆除请求为例，具体过程如图 5-10 所示（服务器端向客户端发送拆除请求步骤类似，仅方向相反）。

图 5-10 拆除 TCP 连接的四次握手过程

第 1 次握手（客户端请求关闭）：客户端将发往服务器端的段头部控制位 FIN（终止）置 1，其 SEQ（序列号）置为 x，x 等于前面已传送数据的最后一个字节的序号加 1，其 ACN（确认号）置为 y。

第 2 次握手（服务器端确认关闭）：服务器端收到释放连接请求后即发出确认，其段头部控制位 ACK（确认）置为 1，ACN（确认号）置为 $x+1$，同时通知高层应用进程。这样，从客户端到服务器端的连接就释放了，连接处于半关闭状态，客户端仍可接收数据。

第 3 次握手（服务器端请求关闭）：在服务器端向客户端发送信息结束后，其应用进程就通知 TCP 释放连接，服务器端发出的连接释放段头部将控制位 FIN（终止）置为 1，并使其 SEQ（序列号）等于前面已传送过的数据的最后一个字节的序号加 1，还必须重复上次发送过的 ACN（确认号）为 $x+1$。

第 4 次握手（客户端确认关闭）：客户端必须对收到的段发出确认，将控制位 ACK（确认）置为 1，ACN（确认号）置为 $x+2$，从而释放服务器端方向的连接。

5.2.3 TCP 可靠性传输机制

TCP 采用了许多机制来保证数据的可靠传输，主要包括序列号、确认重传机制、滑动窗口机制等。

1. 序列号

TCP 发送端要为所发送的每一个分段加上序列号（SEQuence Number），保证每个分段能被接收端接收，并只被正确地接收一次。

2. 确认重传机制

接收端在正确收到发送端数据分段之后向发送端回送一个确认信息，如发送方收不到此确认信息将认为此数据丢失，并重新发送此数据。

当发送端发送一个段时，它同时也在自己的重传队列中存放一个副本，若收到确认，则删除此副本，若在计时器时间结束之前还未收到确认，则重传此报文的副本。为了避免由于网络延迟引起迟到的确认和重复的确认，TCP 规定在确认信息中捎带一个分段确认号（ACKnowledge Number），使接收方能正确地将分段与确认联系起来。其工作过程如图 5-11 所示。

图 5-11　TCP 确认重传机制
a）确认机制　b）重传机制

3. 滑动窗口机制

5-6
滑动窗口机制

滑动窗口（Sliding Window）是一种流量控制技术。早期的网络通信中，通信双方不会考虑网络的拥挤情况直接发送数据。由于大家不知道网络拥塞状况，如果一起发送数据，则会导致中间节点阻塞，包丢失，谁也发送不了数据。所以就有了滑动窗口机制来解决此问题。滑动窗口的大小意味着接收方还有多大的缓冲区可以用于接收数据，发送方可以通过滑动窗口的大小来确定最多可以发送多少字节的数据。在 TCP 段头部的窗口（Window）字段写入的数值就是滑动窗口的大小，其单位为字节。当滑动窗口为 0 时，发送方一般不能再发送数据。但有两种情况除外，一种情况是可以发送紧急数据，例如，允许用户终止在远端机上的运行进程；另一种情况是发送方可以发送一个 1 字节的数据报来通知接收方重新声明它希望接收的下一字节及发送方的滑动窗口大小。

滑动窗口的工作过程如下。

1）TCP 连接阶段，双方协商窗口尺寸，同时接收方预留数据缓存区。

2）发送方根据协商的结果，发送符合窗口尺寸的数据字节流，并等待对方的确认。

3）发送方根据确认信息改变窗口的尺寸，增加或者减少发送未得到确认的字节流中的字节数。调整过程包括：如果出现发送拥塞，发送窗口缩小为原来的一半，同时将超时重传的时间间隔扩大一倍。

5-7
滑动窗口机制
动画

滑动窗口机制为端到端设备间的数据传输提供了可靠的流量控

制机制。然而，它只能在源端设备和目的端设备起作用，当网络中间设备（如路由器等）发生拥塞时，滑动窗口机制将不起作用。

5.3 UDP

UDP 是非连接的、不可靠的端到端传输层协议，只提供一种基本的、低延迟的被称为数据报的通信。

5-8 UDP

UDP 传输数据之前不需要在发送方和接收方之间建立连接，只是简单地将数据从发送方的端口发送到网络层，由网络层实现点到点的传输。因此，UDP 不能保证数据传输线路的可用性，在传输的过程中线路可能中断，数据也可能丢失；UDP 中没有序列号字段，因此 UDP 不具备把乱序到达的数据段重新排列的功能；UDP 也没有确认重传机制，因此数据丢失后发送端也无法知晓，更谈不上重传丢失数据，在接收端发现数据丢失后，只能通过应用层主动要求重传数据。

UDP 报文（段）格式如图 5-12 所示，其头部格式较简单，长度只有 8 个字节。

图 5-12　UDP 报文（段）格式

UDP 的不可靠并不代表 UDP 不如 TCP 或者毫无用处，UDP 的优点在于：没有和 TCP 一样的复杂头部信息，没有建立连接和拆除连接的过程，各种设备处理 UDP 数据报的时间将会大大缩短，传输效率比 TCP 更高。

由于 UDP 传输的高效性，UDP 往往被用于那些对实时性要求较高的应用，例如，IP 电话、实时视频会议以及 DNS（域名解析）等，而 TCP 往往被用于那些数据量较大或者数据可靠性要求较高的应用，如 Telnet（远程控制）以及 FTP（文件传输）等。例如，腾讯 QQ 在客户端打开并和服务器端建立连接的过程使用 TCP，而发送消息的过程使用的是 UDP。

5.4 NAT 技术

5.4.1 NAT 概述

NAT（Network Address Translation，网络地址转换）是指将用户端的某个 IP 地址（又称本地地址）或其端口转换为另一个 IP 地址（又称全局地址）或其端口的技术。NAT 技术还能够有效地避免来自网络外部的攻击，隐藏并保护网络内部的计算机。

5-9 NAT 技术

NAT 一般在私有地址和公有地址之间转换，私有地址（10.0.0.0~10.255.255.255、172.16.0.0~

172.16.255.255、192.168.0.0~192.168.255.255）使用时不需要向 IP 地址管理部门申请即可直接使用，不同的局域网中可以使用相同的私有 IP 地址。正是由于私有 IP 地址的非唯一性，私有地址只能用于内部私有网络中，不能直接接入 Internet。如果要想让私有地址也能够接入 Internet，必须将私有 IP 地址转换成公有 IP 地址，这个转换过程就被称为 NAT。

目前大多数的路由器都具备 NAT 功能，NAT 典型拓扑如图 5-13 所示。路由器在工作过程中会建立一张 NAT 表，根据 NAT 表将内部终端的 IP 地址或端口映射到路由器上联口（即通向 Internet 的端口）的可用 IP 地址或端口。

图 5-13　NAT 典型拓扑

5.4.2　NAT 分类

NAT 有 3 种类型：静态 NAT、动态 NAT 和端口 NAT。

1．静态 NAT

静态 NAT 是最简单的一种转换方式，它在本地/私有地址和全局/公有地址之间建立一个固定的一对一的映射。

一个 NAT 设备可以同时实现多条静态 NAT，并且每一条 NAT 都需要管理员手工配置，例如，某路由器的静态 NAT 表如表 5-2 所示，其中第一条静态 NAT 将内部的私有地址 192.168.1.3 映射为外部的公有地址 202.3.34.68，即使设备 192.168.1.3 未上线，202.3.34.68 也不能映射到其他的内部设备。

表 5-2　某路由器的静态 NAT 表

本 地 地 址	全 局 地 址	NAT 类型
192.168.1.3	202.3.34.68	静态
192.168.1.4	202.3.34.69	静态

2．动态 NAT

动态 NAT 是较灵活的一种转换方式，它在本地/私有地址和全局/公有地址之间建立一个动态的映射。实现动态 NAT 必须先建立一个全局地址池，由 NAT 设备从全局地址池中选择一个未使用的地址对本地地址进行转换。

例如，某公司从运营商处购买了 6 个公有 IP 地址：202.3.34.66~202.3.34.71，用这 6 个 IP 地址建立一个全局地址池。公司内部有 10 台主机，配置私有地址 192.168.1.2~192.168.1.11。这 10 台主机在公司内部都可以互相访问，但要访问 Internet 必须从全局地址池中选择一个公有地址进行动态 NAT，因为最多只能建立 6 条动态 NAT 记录，所以同时最多只能有 6 台主机能够访问 Internet。

动态 NAT 映射不需要管理员手工配置，而是本地地址连接 Internet 时动态生成的，并在连接终止时被收回。例如，某路由器在时刻 1 时的 NAT 表如表 5-3 所示，其中有两条动态 NAT。后来 192.168.1.5 访问 Internet，路由器自动增加一条动态 NAT 将其映射到 202.3.34.70；然后 192.168.1.3 下线，全局地址 202.3.34.68 被收回到地址池中；接着 192.168.1.6 上线映射到被收回的地址 202.3.34.68，因此时刻 2 时路由器的 NAT 表如表 5-4 所示。

表 5-3 某路由器动态 NAT 表（时刻 1）

本 地 地 址	全 局 地 址	NAT 类型
192.168.1.3	202.3.34.68	动态
192.168.1.4	202.3.34.69	动态

表 5-4 某路由器动态 NAT 表（时刻 2）

本 地 地 址	全 局 地 址	NAT 类型
192.168.1.6	202.3.34.68	动态
192.168.1.4	202.3.34.69	动态
192.168.1.5	202.3.34.70	动态

3. 端口 NAT

网络地址端口转换（简称端口 NAT）是目前使用最多的一种 NAT，它将本地/私有地址的端口映射到全局/公有地址的端口，可以是静态映射，也可以是动态映射。由于一个 IP 地址上有 65 535 个 TCP 和 UDP 端口，因此端口 NAT 可以将多个本地地址的端口映射到同一个全局地址的端口。

例如，某公司从运营商处仅购买了 1 个公有 IP 地址：202.3.34.66，公司内部有 10 台主机，配置私有地址 192.168.1.2～192.168.1.11，需要同时访问互联网。由于使用静态 NAT 和动态 NAT 都无法实现，因此必须使用端口 NAT。例如，某时刻路由器上的端口 NAT 表如表 5-5 所示，其中有两条自动生成的动态端口 NAT：192.168.1.3 访问 Internet 的 TCP 2311 端口被映射到 202.3.34.66 的 4500 端口，192.168.1.4 访问 Internet 的 UDP 5672 端口被映射到 202.3.34.66 的 4501 端口；还有一条管理员手工配置的静态端口 NAT，这是由于 192.168.1.11 是公司内部的一台 Web 服务器，需要经常被 Internet 的用户访问，因此将其 TCP 80 端口映射到 202.3.34.66 的 80 端口，由于 80 为 HTTP 的默认端口，这样 Internet 上的用户就可以通过 http://202.3.34.66 来访问公司的 Web 服务器。

表 5-5 某路由器端口 NAT 表

本 地 地 址	本地端口	全局地址	全局端口	端口类型	NAT 类型
192.168.1.3	2311	202.3.34.66	4500	TCP	端口 NAT（动态）
192.168.1.4	5672	202.3.34.66	4501	UDP	端口 NAT（动态）
192.168.1.11（服务器）	80	202.3.34.66	80	TCP	端口 NAT（静态）

5.5 应用案例

案例描述：

公司领导发现近期网络较慢，交给小朱一项任务：分析当前网络较慢的原因并提出解决方案。

当前公司的网络拓扑如图 2-25 所示，其中 A 楼中的所有主机在 C 类网 192.168.0.0 中，B 楼中的所有主机在 B 类网 172.16.0.0 中，没有划分子网。内部所有光纤和双绞线均为百兆速率，公司通过租用 ISP 的一条百兆光纤专线接入 Internet。

案例分析：

如个别计算机网速较慢，则很可能是该计算机中了病毒或木马导致的系统资源不足，如果整个网络中的计算机普遍网速较慢，则常见原因如下。

- 网络内蠕虫等病毒大规模爆发。
- 网络中存在环路且没有正确配置。
- 防火墙过滤策略过多影响出口速度。
- 网络过大导致广播包过多而降低网络性能。
- 网络设备硬件故障引起的广播风暴。
- 出口线路或内部骨干线路带宽不足。
- 个别计算机建立了过多的连接数，或占用了过多的带宽。

应针对实际情况进行具体分析，并提出相应的解决方案。

小朱经过检查发现，公司的计算机普遍网速较慢，因此不是个别计算机的问题，而是整个网络出现了一定的问题。通过杀毒软件检查以及交换机 CPU 负载检查没有发现蠕虫病毒（该病毒一般会显著提高交换机的 CPU 负载）；通过检查交换机日志没有在网络中发现环路（环路产生时交换机中会有记录）；防火墙配置较为简单，且移除防火墙后网速没有提高，因此也排除了防火墙的问题；通过查看交换机接口的数据包统计信息，发现网内广播包数量较多；通过查看防火墙，发现总 TCP 连接数较大（状态检测防火墙会记录所有经防火墙的 TCP 连接）。因此小朱认为公司网速慢的原因应该有可能存在于上述后 3 项中，并提出相应的解决方案。

解决方案：

小朱的解决方案如下。

1）划分子网以减少广播包数量。由于 A 楼约 200 台计算机在同一网络中，B 楼约 500 台计算机在同一网络中，因此当进行 ARP 解析、DHCP 请求或发生网卡故障等情况下，会产生大量广播包而影响网络性能。因此小朱打算按表 5-6 所示，划分出 7 个子网以减少广播包数量。

表 5-6　公司子网划分表

楼宇	子网序号	部门	主机数量	子网 IP 地址可用范围	子网掩码	网关地址
A 楼	1	行政部	50	192.168.0.2～192.168.0.62	255.255.255.192	192.168.0.1
	2	销售部	50	192.168.0.66～192.168.0.126	255.255.255.192	192.168.0.65
	3	研发部	100	192.168.0.130～192.168.0.254	255.255.255.192	192.168.0.129
B 楼	4	生产部	125	172.16.0.2～172.16.0.126	255.255.255.128	172.16.0.1
	5		125	172.16.0.130～172.16.0.254	255.255.255.128	172.16.0.129
	6		125	172.16.1.2～172.16.1.126	255.255.255.128	172.16.1.1
	7		125	172.16.1.130～172.16.1.254	255.255.255.128	172.16.1.129

2）由于目前只有 1 条百兆光纤出口，因此平均每个终端只能分到 100Mbit/（200+500）≈ 143kbit 出口带宽。因此小朱建议，在资金允许的情况下，可选择另一个 ISP，增加一条百兆光

纤出口。此时出口带宽共 200Mbit/s，因此内部骨干线路（即防火墙和路由器 A、路由器 A 和路由器 B 之间的线路，带宽为 100Mbit/s）又成为瓶颈，因此还需要将内部骨干线路从百兆升级为千兆。升级时，由于双绞线和光纤本身就支持千兆速率，因此不需要更换线路，只需要将防火墙和路由器的端口模块从百兆升级到千兆。

还需要注意的是，如果路由器上配置的是静态路由，则升级为双出口后需要修改路由器 A 的静态路由表。假设两条出口线路分属运营商 ISP1 和 ISP2，则应首先到互联网管理机构的网站（如 apnic 或 cnnic）查询运营商 ISP1 和 ISP2 的 IP 地址段，然后在路由器 A 静态路由表中添加静态路由，其规则是根据不同的目的地址选择不同的出口，即目的 IP 地址为 ISP1 地址段的数据从 ISP1 出口转发，目的 IP 地址为 ISP2 地址段的数据从 ISP2 出口转发。这样可以避免跨网的穿透流量，提高访问速度。

经过划分子网和带宽升级后的拓扑如图 5-14 所示。

图 5-14　公司网络升级拓扑

3）目前的下载工具为了提高下载速率，一般会和下载对象之间建立多个连接。因此为了防止个别计算机在使用下载工具时建立多个连接并占用过多的带宽，可以在防火墙上限制除服务器以外的每个 IP 地址的连接数为 100。

5.6　本章小结

传输层只在数据传输的两端存在，是面向数据通信的下三层（物理层、数据链路层、网络层）和面向应用的上三层（会话层、表示层、应用层）之间的接口，它将应用程序的进程和数据传输的端口相关联，提供了端到端的传输服务。

传输层提供了两种协议来完成端到端的传输功能，其中 TCP 是面向连接的、可靠的，而 UDP 是非连接的、不可靠的。TCP 建立连接需要经过三次握手，并且提供了序列号、确认重传机制、滑动窗口机制等可靠性机制，而 UDP 则没有这些复杂机制，因而传输效率更高。总的来说，两种协议各有所长，不同的应用程序会根据需要选择其中一种协议。

为解决 IPv4 地址不足的问题，在第 4 章中介绍了 IPv6 和私有地址两种解决方案。但私有地址不是唯一的，因此必须使用 NAT 技术才能接入互联网。其中静态 NAT 和动态 NAT 能够实现本地地址和全局地址之间的一对一映射，如果本地私有地址较多而全局公有地址较少，则需要使用端口 NAT 技术。

习题

一、选择题

1. 关于传输层的说法错误的是（　　）。
   A．传输层是 OSI 模型的第 4 层
   B．传输层为上层提供端到端的信息传递服务
   C．传输层之下的下三层（负责数据传输）和上三层（提供应用服务）之间的接口
   D．在网络终端和通信设备上都有传输层
2. 关于传输层功能的说法错误的是（　　）。
   A．传输层提供数据分段功能，便于丢包重传并降低网络阻塞的概率
   B．传输层提供端到端的错误恢复与流量控制
   C．传输层根据 IP 地址确定数据的转发路由
   D．传输层根据源端口号和目的端口号区分不同的应用层进程所发送或接收的数据
3. 传输层端口号的长度为（　　）位。
   A．4　　　　　　B．8　　　　　　　C．16　　　　　　　D．32
4. 关于 TCP 和 UDP 区别的说法错误的是（　　）。
   A．TCP 传输数据前需要在两端之间建立连接，UDP 则不建立连接，因此 UDP 传输速度更快
   B．TCP 有确认重传机制，UDP 则没有，因此 TCP 更加可靠
   C．TCP 有流量控制机制，UDP 则没有，因此 TCP 丢包率更低
   D．TCP 不具备把乱序到达的数据段重新排列的功能，UDP 则可以
5. 应用层 HTTP 的服务器端在传输层默认使用（　　），客户端在传输层使用（　　）。
   A．TCP 80 端口　　B．UDP 80 端口　　C．TCP 动态端口　　D．UDP 动态端口
6. TCP 端口状态中的 Listening 表示（　　），SYN_SENT 表示（　　），SYN_RECEIVED 表示（　　），LAST_ACK 表示（　　），Established 表示（　　）。
   A．端口已打开，正在监听是否有客户端请求连接
   B．客户端请求连接（三次握手中的第 1 次握手）
   C．服务器端接收请求（三次握手中的第 2 次握手）
   D．客户端请确认连接（三次握手中的第 3 次握手）
   E．连接已建立
7. 以下关于 NAT 的说法错误的是（　　）。
   A．NAT 可以实现 IP 地址到 IP 地址的映射，但不能实现 IP 地址及其端口到 IP 地址及其端口的映射
   B．路由器一般可作为 NAT 设备，将其下联口的本地地址映射到其上联口的全局地址

C. 静态 NAT 只能实现同样数量的本地地址和全局地址之间的映射
D. 如果本地地址数量大于全局地址数量，且本地地址需要全部同时接入 Internet，则只能使用端口 NAT

8. 以下（　　）是动态 NAT。
   A. 将某本地地址静态映射到某全局地址
   B. 将某本地地址动态映射到某全局地址池
   C. 将某本地地址的 80 端口静态映射到某全局地址的 80 端口
   D. 将某本地地址的随机端口动态映射到某全局地址的随机端口

9. 以下（　　）不是端口 NAT。
   A. 将某本地地址映射到某全局地址
   B. 将某本地地址的 80 端口静态映射到某全局地址的 8080 端口
   C. 将某本地地址的 80 端口静态映射到某全局地址的 80 端口
   D. 将某本地地址的随机端口动态映射到某全局地址的随机端口

二、简答题

1. 传输层端口号的范围是多少？被分为哪两部分？每部分的范围是多少？
2. 简述 TCP 和 UDP 的共同点和区别。
3. 简述建立 TCP 连接的过程。
4. 什么是 NAT？NAT 有什么作用。

第 6 章　应用层及 Internet

知识目标

1. 理解应用层功能及 C/S 模型
2. 掌握常见应用层服务的功能、协议、使用及配置方法
3. 了解 Internet 的起源与发展，理解常见的 Internet 的接入方式及其特点

能力目标

1. 能够配置和使用常见的应用层服务
2. 能够选择合适的接入方式接入 Internet

素质目标

1. 通过互联网的发展理解互联网开放、共享、合作的模式，理解全球一体化的发展趋势
2. 通过互联网应用的普及，结合"互联网+"的发展，思考互联网时代的挑战与机遇

建议实训

实训 13：WWW 服务
实训 14：FTP 服务
实训 15：Telnet 服务
实训 16：DHCP 服务
实训 17：远程桌面

1+X 要求

1. 能够理解 DHCP 原理，完成 DHCP 基本配置
2. 能够理解 DNS 协议原理，完成 DNS 基本配置

6.1 应用层概述

6.1.1 应用层功能

应用层是 OSI 模型和 TCP/IP 的最高层，主要功能是为终端主机的应用进程提供服务，是应用程序之间进行通信时需要遵循的特定约束和规则。

6-1
应用层概述

应用层由若干面向用户提供服务的应用层协议组成，每个应用层协议都是为了解决某一类应用问题而制定的。例如，典型的应用层服务包括 Web、文件传输、电子邮件、远程登录等，相应的应用层协议包括超文本传输协议（HTTP）、文件传输协议（FTP）、简单邮件传送协议（SMTP）、远程登录协议（Telnet）等。

6.1.2 C/S 结构

客户端（Client）/服务器端（Server）结构（简称 C/S 结构）是应用层使用最多的交互模型。可以将任务合理分配到客户端和服务器端来实现。注意这里的客户端和服务器端不是硬件，而是指双方主机上安装的应用程序。

客户端和服务器端一般分别位于网络中的两台计算机上，为了应用程序能够顺利通信，服务器端通常会打开某个 TCP 或 UDP 端口，并处于监听（等待）状态，等待客户端发起连接请求。在通信时，客户端将服务请求消息发送给服务器端；服务器端接收到请求后向客户端发送相应的响应消息，如图 6-1 所示。

图 6-1　C/S 结构

6.2 应用层服务及协议

6.2.1 WWW 服务

WWW（World Wide Web，万维网）服务是 Internet 上以网页形式展现文本、声音、动画、视频等多种媒体信息的信息服务系统，整个系统由 Web 服务器、浏览器（Browser）及通信协议 3 部分组成，如图 6-2 所示。WWW 采用的应用层通信协议是 HTTP，该协议使用的传输层默认端口是 TCP80 端口。

6-2　WWW 服务

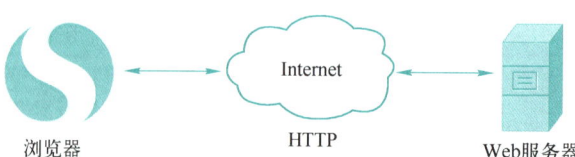

图 6-2　WWW 服务体系结构

WWW 服务是目前广泛使用的 Internet 服务之一，其主要优点如下。
- 使用方便，客户端只需浏览器即可使用，无须安装其他软件。
- 媒体类型丰富，可传输并展现文本、声音、动画、视频等多种媒体形式。
- 开发采用的 HTML 语言，相对于其他语言来说难度较低，开发效率较高。

由于 Internet 上有众多的 Web 站点，每个站点又有多个页面，因此浏览器在访问 Web 服务器上的网页资源时，需要指明网页所在 URL（Uniform Resource Locator，统一资源定位符）地址。URL 的语法形式为：

服务协议类型://主机IP或域名:<端口>/<路径名或文件名>

其中使用该协议的默认端口时可省略"端口"字段，使用默认路径和文件名时可省略"路径名或文件名"字段。例如，下面都是合法的 URL。
- http://www.baidu.com （相当于 http://www.baidu.com:80 或 http://www.baidu.com/index.html）。
- http://119.75.217.109/index.html。
- http://222.34.2.210:8080/news/2123.asp。

常用 Web 服务器软件包括 Microsoft IIS、Apache 等，常用浏览器软件包括 Microsoft IE、Google Chrome、FireFox、Sogou Explore 等。

6.2.2 FTP 服务

FTP 用于在 Internet 上实现文件的在线双向传输。请求上传或下载的一端称为 FTP 客户端（FTP Client），响应上传或下载的一端称为 FTP 服务器端（FTP Server）。FTP 在传输层使用 TCP21 端口。FTP Client 访问 FTP Server 上的资源时，同样要使用 URL 进行定位，例如 ftp://204.3.2.4 或 ftp://204.3.2.4:21。在文件传输之前，客户端不仅需要和服务器端建立 TCP 连接，一般还需要使用服务器端提供的账号和密码进行登录以保证安全性。

6-3
FTP 服务

常用的 FTP 服务器端软件包括 IIS、Serv-U 等，可以控制文件上传、下载的权限、速度、时间、客户端数量等。常用的 FTP 客户端软件包括 CuteFTP、LeapFTP 等，浏览器也可以直接作为 FTP Client。

 思考：
FTP 和局域网中的文件共享都可以传输文件，两者有什么区别？

6.2.3 E-mail 服务

E-mail（电子邮件）服务实现了离线的电子邮件数据传输，即收发邮件的双方不需要直接建立连接，也不需要同时在线。E-mail 使用的协议包括 SMTP、POP、MIME（Multipurpose Internet Mail Extensions，多用途互联网邮件扩展）等。其中 SMTP 实现了邮件的发送以及邮件服务器之间的邮件传输，POP 实现了邮件的接收，POP 有 POP2 和 POP3 两个版本，目前使用较多的是 POP3。E-mail 服务及相关协议如图 6-3 所示。MIME 协议实现了非 ASCII 编码的支持以及多媒体数据类型的通知。

6-4
E-mail 服务

图 6-3　E-mail 服务及相关协议

常用的电子邮件服务器端软件包括 SendMail、Postfix、WinMail、Microsoft Exchange 等，常用的电子邮件客户端软件包括 FoxMail、Microsoft OutLook 等。目前大多数邮件服务器提供了 Web 访问方式，在客户端使用浏览器即可通过 HTTP 登录邮件服务器并查看或收发邮件。

6.2.4　Telnet 服务

Telnet 是远程登录协议，通过该协议可以在一台计算机上通过 Internet 登录到另一台远程计算机上。Telnet 服务器端使用 TCP23 端口，客户端登录时必须输入远程主机的 IP 地址、登录账号、口令，其中登录账号一般建立在服务器端的操作系统中，但并不是操作系统中的所有账号都能远程登录，必须具备相应的权限。

6-5
Telnet 服务

Telnet 常常用于实现对服务器和网络设备的远程管理，例如，网络管理员通过 Telnet 可以足不出户地远程管理网络设备，如图 6-4 所示。

图 6-4　Telnet 远程管理网络设备

6.2.5　远程桌面服务

从 Windows 2000 操作系统开始，微软提供了远程桌面服务并得到了广泛应用。远程桌面功能类似于 Telnet，通过远程桌面可以控制 Internet 另一端的计算机，并提供了图形化的界面，使其比 Telnet 更易操控。

使用远程桌面时，首先在被控制端（服务器端）打开远程桌面服务，该服务默认使用 TCP3389 端口。操作步骤如下：右击"此电脑"，选择"属性"菜单项，选择"远程桌面"，打开"启用远程桌面"开关，如图 6-5 所示。其次，在控制端（客户端）的"开始"菜单中选择"Windows 附件"中的"远程桌面连接"，打开如图 6-6 所示的"远程桌面连接"对话框，输入被控制端的 IP 地址，单击"连接"按钮，即可连接到远程被控制端，此时在控制端会打开一个显示被控制端桌面的窗口，如图 6-7 所示。

图 6-5　远程桌面被控制端

图 6-6　远程桌面控制端

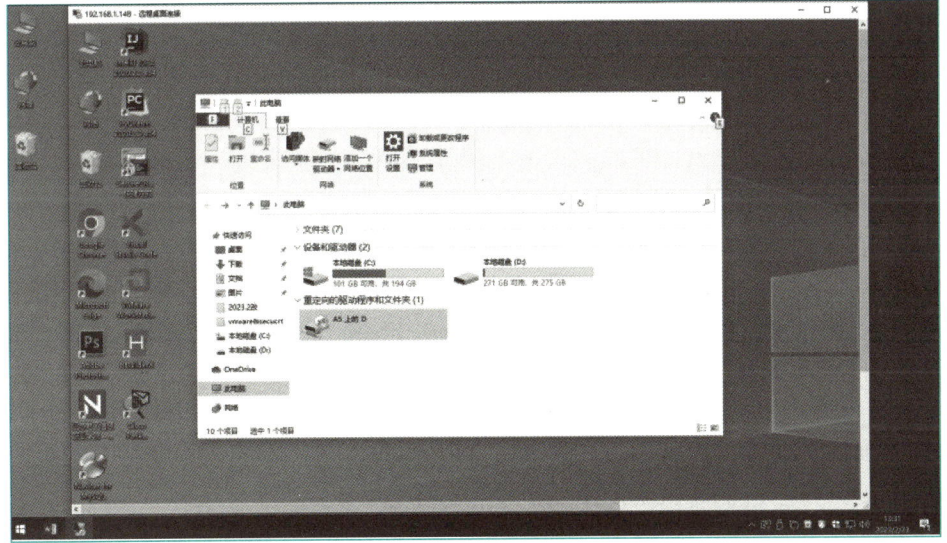

图 6-7　远程桌面窗口

6.2.6　DNS 服务

DNS（Domain Name System，域名系统）用于管理域名并提供把域名解析为 IP 的服务。

6-6
DNS 服务

1．域和域名

域（Domain）指 Internet 上由地理位置或业务类型而联系在一起的一组主机构成的集合，一个域内可以容纳多台主机，在域中，所有主机由域名（Domain Name）来标识。我们知道 IP 地址可以唯一地标识 Internet 上的一台主机，但 IP 地址也有其缺点，如不易记忆、无法判断其位置等，为了解决这些问题提出了域名，域名也可以标识一台主机，但采用 ASCII 编码标识，如 coca-cola.com、sina.com.cn 等，域名和 IP 地址相比更有意义，也更易记忆。

为了有效地管理 Internet 上的域和域名，域名系统采用分层的树形结构（图 6-8），类似于邮政系统中的分级地址结构，如"中国**省**市**区**街道**号**"。在域名系统的顶部是根域，由 ICANN 管理；根域下面是数百个顶级域，包括 com（商业机构）、edu（教育单位）、gov（政府部门）、mil（军事单位）、net（提供网络服务的系统）、org（非 com 类的组织）、int（国际组织），以及国家级域名，如 cn（中国）、jp（日本）、uk（英国）、fr（法国）等。顶级域名下又有若干一级域名，一级域名下又有若干二级域名，每个域名下可以有若干子域和主机。

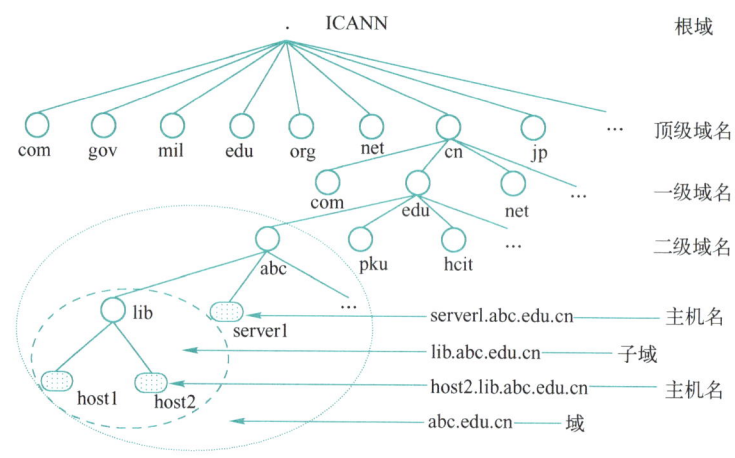

图 6-8　域名系统

分级结构的域名系统中，每个域名的完整表示采用从底部节点往上到根的路径命名，成员间由点分隔，且不区分大小写。例如，从图 6-8 可以看出，中国顶级域名 cn 下有 com、edu、net 等一级域名，abc 大学的二级域名为 abc.edu.cn，abc 大学中有 1 个子域 lib.abc.edu.cn 以及 3 台主机 server1.abc.edu.cn、host1.lib.abc.edu.cn、host2.lib.abc.edu.cn。

使用域名时需要到相应的域名管理机构进行申请并缴纳一定的费用，如中国的域名管理机构是 CNNIC。每个域对其下面的子域和主机分配存在控制权，即一个新域被创建和登记后，可以创建其子域或主机而无须再征得上一级管理机构的同意。例如，abc 大学在 CNNIC 申请了域名 abc.edu.cn 后，再创建子域 lib.abc.edu.cn 时不需要再申请。

2．域名解析

域名系统还需要解决如何将域名转换为 IP 地址的问题，由于域名属于应用层，路由器等非应用层网络设备无法根据域名转发数据，因此发送主机必须将目的主机域名转换为目的 IP 地址后才能发送数据包。将域名转换为 IP 地址的过程被称为域名解析。

6-7
DNS 工作过程动画

Internet 中由域名服务器（DNS Server）完成域名解析，域名服务器中存放域名和 IP 地址之间映射关系的数据库。例如，某主机访问 www.abc.com 时，首先发送一个 DNS 查询到域名服务器，域名服务器查询自己的数据库并返回 www.abc.com 的 IP 地址 124.40.51.49，该主机接收到 DNS 解析结果后再使用 124.40.51.49 作为目的 IP 地址封装 IP 数据包并发送，如图 6-9 所示。理论上，一台域名服务器就可以包括整个 DNS 数据库，并响应所有的查询，但实际上这样 DNS 服务器就会由于负载过重而不能运行。所以域名服务器解析系统也采用了层次化模式，与分级结构的域名系统相对应。

图 6-9　域名解析

Internet 中有成千上万台域名服务器，每台域名服务器可以管理一个或多个域中的数据，一个域中也可以配置多台域名服务器，域名服务器之间可以自动同步域名数据库中的数据。一般这些服务器由 ISP 提供，例如，江苏电信提供了 4 台 DNS 服务器，分别是 218.2.135.1（南京）、221.228.255.1（无锡）、61.177.7.1（苏州）、61.147.37.1（徐州），用户如果使用江苏电信的接入网络可选择距离较近的 DNS 以提高解析速度，如苏州的用户可选择 61.177.7.1 作为主 DNS 服务器，同时选择 221.228.255.1 作为备用 DNS 服务器以防止主 DNS 出现故障。用户需要在 TCP/IP 配置中填写所选择的 DNS 服务器，如图 6-10 所示。当然在条件许可的情况下，也可以在自己的局域网中配置 DNS 服务器以获取更高的解析速度。

图 6-10　客户端 DNS 配置

6.2.7　DHCP 服务

DHCP（Dynamic Host Configuration Protocol，动态主机配置协议）服务用于集中管理和分配一个网络中的 IP 地址。DHCP 分为服务器端和客户端，服务器端使用 IP 地址池集中管理，客户端可以从服务器端的地址池中动态获取 IP 地址而不需要手工配置。

6-8
DHCP 服务

DHCP 的优点主要包括如下几个方面。

（1）自动分配，避免 IP 地址冲突现象

当一台主机接入网络时，必须配置 IP 地址相关参数，可以采用手工配置方式（又被称为静态 IP 地址配置方式），如图 6-11 所示，其缺点是操作较为烦琐且容易产生冲突，特别当网络中有较多主机时，很容易发生两台主机配置同一 IP 地址的现象。而采用 DHCP 动态 IP 地址配置方式，如图 6-12 所示，则每台主机接入网络时可以从 DHCP 服务器获取 IP 地址，DHCP 服务器会给每台主机分配不同的 IP 地址并记录，因此不会发生 IP 地址冲突现象。

（2）及时回收，提高 IP 地址利用率

某些网络中有很多主机，但同时在线的主机比例较低，如果采用静态 IP 地址配置方式，则 IP 地址利用率较低，甚至出现 IP 地址不够用的情况；如果采用动态 IP 地址配置方式，则可以在主机不在线或关机时将 IP 地址及时回收再分配，提高 IP 地址利用率。例如，某学生宿舍有 5000 台主机，一般只有 1000 台主机同时在线，则采用 DHCP 提供的动态 IP 地址配置方式可以节约很多 IP 地址资源。

（3）集中管理，减少 IP 地址配置及管理工作量

对于管理某些主机较多且频繁移动的网络，如果采用静态 IP 地址配置方式，则需要经常手工更新客户端的 IP 地址，工作量较大；如果采用动态 IP 地址配置方式，则只需更新服务器端 IP 地址池，客户端不需要做任何改变，可以极大地减少 IP 地址配置及管理的工作量。

在服务器端须建立一个或多个 IP 地址池，给客户端分配 IP 地址、网关地址、子网掩码、DNS 地址等信息。服务器端可以是能提供 DHCP 服务的主机，也可以是能提供 DHCP 服务的路由器等网络设备。

图 6-11　客户端静态 IP 地址配置方式　　　　图 6-12　客户端动态 IP 地址配置方式（DHCP）

一个网络内可以有多个 DHCP 服务器以及 DHCP 客户端，DHCP 的具体工作过程分为以下几步。

1）请求：客户端以广播形式（目的 IP 地址为 255.255.255.255）发出 DHCP DISCOVER 消息，寻找网内的服务器，网内每一台主机都会收到广播，但只有 DHCP 服务器才会响应。

2）提供：收到 DHCP DISCOVER 消息的服务器从自己的地址池中选择一个未分配的 IP 地

址，回应一个 DHCP OFFER 消息，消息中包括分配给客户端的 IP 地址等配置信息。

3）选择：客户端选择第 1 个收到的 DHCP OFFER 作为自己的网络配置，以广播形式发送 DHCP REQUEST 消息，DHCP REQUEST 将通知所有的服务器客户端选择了哪一个服务器以及 IP 地址。

4）确认：被选中的服务器回复确认消息 DHCP ACK，未被选中的服务器不回应并收回曾提供的 IP 地址。

5）配置：客户端收到 DHCP ACK 后再次检查配置参数，如果合法，则将参数配置到客户端。

需要注意的是，由于 DHCP 客户端使用广播查找服务器端，而广播的范围是本网络或本子网，因此 DHCP 服务器需要和客户端在同一网络或子网中才能工作。

6.3 Internet 及其接入方式

6.3.1 Internet 概述

Internet 的中文译名为因特网，又叫作国际互联网。它将数万个计算机网络、数千万台主机互连在一起，覆盖全球。从信息资源的角度，Internet 是一个集各个部门、各个领域的信息资源为一体，供网络用户共享的信息资源网。Internet 目前的用户已经遍及全球，并且它的用户数还在与日俱增。

6-9 Internet 及其接入方式

Internet 基于 TCP/IP，并通过路由器等网络设备将主机、局域网、广域网连接在一起，如图 6-13 所示。Internet 的内部结构非常复杂，被称为网际网，属于没有任何规则的网状结构。但对于 Internet 用户来说，根本不必关心 Internet 的内部结构，只要使用 TCP/IP 接到 Internet 的任何一个节点上，就可以使用 Internet 的网络资源和服务。对用户开放、对服务提供者开放正是 Internet 获得成功的重要原因。

图 6-13　Internet 的"网际网"结构

Internet 最早来源于美国国防部高级研究计划局建立的 ARPA 网，该网于 1969 年投入使用。1972 年，ARPA 网在首届计算机通信国际会议上首次与公众见面，并验证了分组交换技术的可行性，由此，ARPA 网成为现代计算机网络诞生的标志。TCP/IP 协议簇的开发和使用是 ARPA 网在技术上的另一个重大贡献。1980 年，由 ARPA 投资将 TCP/IP 加进 UNIX（BSD 4.1 版本）的内核中，在 BSD 4.2 版本以后，TCP/IP 即成为 UNIX 操作系统的标准通信模块。

1982 年，Internet 由 ARPA 网、MIL 网等几个计算机网络合并而成，产生 Internet 的早期骨干网，随着 Internet 面向全社会开放，20 世纪 90 年代初，由于大量商业公司进入 Internet，网上通信量迅猛增长，全世界其他国家和地区也都在 20 世纪 80 年代以后先后建立了各自的 Internet 骨干网，并与美国的 Internet 相连。随着 Internet 规模的不断扩大，向全世界提供的信息资源和服务也越来越丰富，可以实现全球范围的电子邮件通信、WWW 信息浏览、文件传输、语音与图像通信服务、电子商务等功能。

然而，Internet 也有其固有的缺点，如网络无整体规划和设计，网络拓扑结构不清晰以及容错、可靠性能的缺乏，而这些对于商业领域的不少应用是至关重要的。安全性问题是困扰 Internet 用户发展的另一个主要因素。另外，Internet 是一个无中心的网络。所有这些问题都在一定程度上阻碍了 Internet 的发展，只有解决了这些问题，Internet 才能更好地发展。在这样的背景下，下一代 Internet（Internet II）应运而生。

Internet II 由大学高级因特网发展联盟（U-CAID）于 1998 年提出，致力于发展 IPv6、多终点传输、服务质量技术、数字图书馆及虚拟实验室等应用。其中 IPv6 通过采用 128 位的地址空间替代 IPv4 的 32 位地址空间来扩充因特网的地址容量，使得 IP 地址在可以预见的时期内不再成为限制网络规模的一个因素，同时在安全性、服务质量及移动性等方面有了较大的改进。

Internet 是一个巨大的资源宝藏，用户要使用这些资源时，首先必须将自己的计算机接入 Internet，一旦用户的计算机接入 Internet，便成为 Internet 中的一员，可以访问 Internet 中提供的各类服务与丰富的信息资源。但面对如此规模庞大的 Internet，用户从何处接入？采用何种接入方式？

首先，解决第 1 个问题，即用户从何处接入。目前，Internet 已经是一个商业化的网络，ISP 是用户接入 Internet 的服务代理和用户访问 Internet 的入口点。各国和各地区都有自己的 ISP，我国几大电信运营商都在全国各地设置了自己的 ISP 机构，此外还有像教育网等一些面向特定用户的 ISP。ISP 与互联网相连的网络称为接入网络，其管理单位称为接入单位。ISP 是用户和 Internet 之间的桥梁，它位于 Internet 的边缘，用户通过某种通信线路连接到 ISP，借助于 ISP 与 Internet 的连接通道便可以接入 Internet。

其次，各 ISP 都提供了多种接入方式供不同类型的用户选择，用户应结合自身需求以及接入位置、价格和服务质量等因素选择一种接入方式。从早期使用电话线的拨号接入，到后来的 ISDN、DDN 专线接入，以及使用有线电视线缆的 HFC 等，许多接入方式由于自身的缺点而逐渐被淘汰。下面介绍几种目前常见的 Internet 接入方式。

6.3.2 ADSL 接入

ADSL（Asymmetric Digital Subscriber Line，非对称数字用户线）采用了 DSL（Digital Subscriber Line，数字用户线）技术，能够在电话网上实现高速数据传输。

ADSL 技术中的"非对称"指下行方向和上行方向的数据速率不同,并且通常上行速率要远小于下行速率。由于大部分 Internet 资源特别是视频传输等需要很大的下行带宽,而普通用户对上行带宽的需求不是很大,因此下行带宽大于上行带宽"不对称"的 ADSL 技术非常适用于家庭上网。以 ITU-TG.992.1 标准为例,ADSL 支持上行速率 512kbit/s~1Mbit/s、下行速率 1~8Mbit/s,有效传输距离在 3~5km 范围以内。当电信服务提供商的设备端和用户终端之间的距离小于 1.3km 的时候,还可以使用速率更高的 VDSL,它的速率可以达到下行 55.2Mbit/s,上行 19.2Mbit/s。

ADSL 使用电话线,但采用频分多路复用技术把电话线分成了电话、上行和下行 3 个逻辑独立的信道,从而避免了相互之间的干扰,可以同时上网和打电话。ADSL 接入在用户端采用 ADSL 调制解调器进行拨号和调制解调,在电信运营商端,需要将每条开通 ADSL 业务的电话线路连接在数字用户线接入复用器(Digital Subscriber Line Access Multiplexer,DSLAM)上。ADSL 调制解调器和 DSLAM 之间使用 PPPoE 协议,如图 6-14 所示。

图 6-14　ADSL 接入

6.3.3　LAN 接入

LAN 接入就是基于以太网技术的局域网接入方式,如图 6-15 所示,从楼宇交换机通过双绞线连接各个房间,用户上网可以通过 BRAS 设备进行认证(也可不经过认证),适合内部数据交换较多的企事业单位。

图 6-15　LAN 接入

6.3.4　PON 接入

PON(Passive Optical Network,无源光网络)接入技术是一种点到多点的光纤接入技术,由放在端局位置的 OLT(Optical Line Terminal,光线路终端)、放在中间位置的 POS(Passive Optical Splitter,无源分光器)、放在用户端或接近用户的楼道位置的 ONU(Optical Network Unit,光网络单元)3 个部分构成。其中,POS 可以级联一个或多个 POS,从 OLT 到 ONU 之间的线路及设备都是无源的（即不需要电源），所以称之为无源光网络。在 PON 进入用户端以后，可以使用光调制解调器（又称光猫，如图 6-16 所示）将信号发送给终端设备。整个 PON 接入方式如图 6-17 所示。

图 6-16　光调制解调器

图 6-17　PON 接入方式

PON 系统中的主要设备 POS（无源分光器）如图 6-18 所示，这是一台 1 分 16 的无源分光器，光信号下行（即从城域网到用户端）时可以将 1 根光纤的信号广播到 16 根光纤中，光信号上行（即从用户端到城域网）时可以将 16 根光纤的信号使用多路复用技术汇聚到 1 根光纤中，且不需要使用电源。因此和 LAN 中使用交换机进行线路连接和交换相比，无源分光器的成本要低很多。

图 6-18　POS（无源分光器）

PON 是一种纯介质网络，避免了外部设备的电磁干扰和雷电影响，减少了线路和外部设备的故障率，提高了系统可靠性。对于长距离传输来说，光纤比铜缆具有价格优势，传统以太网采用两芯光纤传输；而 PON 系统所有设备之间只采用单芯光纤进行互联，因此大大降低了建设和维护成本。随着新建楼宇光纤到楼以及光纤到户的推广，PON 接入占据了越来越多的市场份额。

目前，面向终端用户的接入方式主要包括以上所述的 ADSL、LAN、PON 3 种接入方式，其主要特点如表 6-1 所示。

表 6-1　几种 Internet 接入方式的比较

比较项目	接入方式		
	ADSL 接入	LAN 接入	PON 接入
入户线缆	电话线	双绞线/一对光纤	单根光纤
承载业务	互联网、电话	互联网	互联网、电话、有线电视
传输速率	低	高	较高
单用户成本	低	高	适中
主要优点	如已有电话线，则不需要另外接入线路，成本较低	LAN 内部用户间流量不经过运营商；网速较高，内部交换速率可达千兆	对于小区、学校等人员密集区域，单用户成本、能耗较低；可同时承载电话和网络
主要缺点	网速慢	交换机等有源设备成本、能耗较高；不能同时承载电话和网络	须部署光纤到户，对于人口稀疏及老旧小区成本较高
适合用户类型	只有电话线接入的偏远农村、老旧小区等	企事业单位中的办公室等	家庭用户、个人用户

6.4　应用案例

案例描述：

公司办公计算机目前采用的是静态 IP 地址配置方式，不仅需要手工配置，而且容易产生冲突。公司领导希望采用动态 IP 地址配置方式，让小朱写出软硬件配置方案。已知公司网络拓扑如图 6-19 所示。

图 6-19　公司网络拓扑

案例分析：

由于 DHCP 请求数据包采用广播方式，在未划分子网的情况下，广播包只能在本网络内部传输；在已划分子网的情况下，广播包只能在本子网内部传输，不会广播到其他网络或子网中。因此 DHCP 服务器和客户端应在同一网络或同一子网中，否则客户端无法和 DHCP 服务器通信。

由于公司已划分出 7 个子网，因此一般需要在每个子网中配置一台 DHCP 服务器，共 7 台 DHCP 服务器才可以给所有主机分配 IP。显然该方案成本较高，且管理和维护复杂。因此需要通过其他途径解决。较好的解决方案是使用 DHCP 中继代理（DHCP Relay Agent）技术。

当客户端和 DHCP 服务器不在同一个网络内时，可以使用 DHCP 中继代理沟通不同广播域间的 DHCP 客户端和 DHCP 服务器的通信。很多路由器具有 DHCP 中继代理功能，其原理如图 6-20 所示，客户端 PC1 和 DHCP 服务器在同一个子网中，PC1 可以直接从服务器获取 IP 地址，而 PC2 在另外一个子网中，此时可以在连接两个子网的路由器上开启 DHCP 中继代理功能，它相当于一个转发站，把收到的 DHCP 请求报文转发给服务器，也把收到的 DHCP 响应报文转发给 PC2。

图 6-20　DHCP 中继代理

解决方案：

小朱的解决方案如下。

在子网 1 中配置一台 DHCP 服务器，该服务器使用子网 1 中的 IP 地址，子网 1 中的主机可以直接从该服务器动态获取 IP 地址。打开路由器 A 和路由器 B 的 DHCP 中继代理功能并将中继指向 DHCP 服务器的 IP 地址，这样子网 2~7 都可以从该 DHCP 服务器动态获取 IP 地址。网络拓扑如图 6-21 所示。

图 6-21　公司 DHCP 解决方案

6.5 本章小结

应用层为用户提供了多种服务，常见服务包括 WWW、FTP、E-mail、Telnet、DNS、DHCP 等，并由相应的协议实现。实现应用层服务时一般分为服务器端和客户端，采用 C/S 结构，客户端发送请求，服务器端进行响应。

Internet 是目前最广泛使用的广域网，提供了多种应用。终端接入 Internet 可根据性能、价格及线路条件选择 ADSL、LAN、PON 等多种接入方式。

习题

一、选择题

1. 关于 Internet 的说法错误的是（　　）。
    A．Internet 是一个广域网
    B．Internet 属于树形拓扑结构
    C．Internet 使用 URL 定位资源位置
    D．Internet 是一个使用 TCP/IP 的开放性网络

2. 关于 ftp://222.184.16.3/data/a.txt 的说法错误的是（　　）。
    A．使用 FTP 可以访问该 URL 定位的资源
    B．/data 是路径名，a.txt 是文件名
    C．该 URL 相当于 ftp://222.184.16.3:80/data/a.txt
    D．若 222.184.16.3 对应的域名为 ftp.abc.com，则该 URL 相当于 ftp://ftp.abc.com/data/a.txt

3. 下列应用层协议中，在传输层使用 UDP 的是（　　）。
    A．HTTP　　　　B．FTP　　　　C．Telnet　　　　D．DNS

4. www.hcit.edu.cn 是一个（　　）域名中的主机。
    A．顶级　　　　B．一级　　　　C．二级　　　　D．三级

5. 选择应用层各协议的主要功能：
HTTP（　　）、FTP（　　）、SMTP（　　）、POP（　　）、Telnet（　　）、DNS（　　）、DHCP（　　）。
    A．发送邮件以及在邮件服务器之间的传输邮件
    B．提供将域名解析为 IP 地址的服务
    C．接收邮件
    D．集中管理和分配一个网络中的 IP 地址
    E．传输并以网页形式展现文本、声音、动画、视频等多种媒体形式
    F．通过 Internet 登录到另一台远程计算机上
    G．在 Internet 上实现文件的上传和下载

6. 传输速率最低的 Internet 接入方法是（　　）。
传输速率、单用户成本最高的 Internet 接入方法是（　　）。

使用单芯光纤接入的 Internet 接入方法是（　　）。
　　A．ADSL　　　　B．LAN　　　　C．PON
7．以下（　　）设备是无源的。
　　A．交换机　　　B．OLT　　　　C．POS　　　　D．光猫

二、简答题

1．什么是域和域名？为什么有时需要将域名转换为 IP 地址？如何将域名转换为 IP 地址？
2．使用 DHCP 管理和分配 IP 有什么优点？

第 7 章 网络安全与管理

知识目标

1. 了解常见网络攻击和防御技术
2. 理解对称加密体系和非对称加密体系
3. 了解 SNMP 及其应用
4. 掌握常见网络故障诊断工具

能力目标

1. 能够识别常见的网络攻击技术和网络防御技术
2. 能够处理简单的网络故障

素质目标

1. 通过《中华人民共和国网络安全法》和网络安全等级保护制度的学习,提升网络安全意识,树立社会主义法治理念
2. 结合本章实训,熟悉网络管理和网络故障诊断的工作流程及常用方法,养成细致认真、综合分析、精确判别的职业素养

建议实训

实训 18:常用网络命令
实训 19:局域网故障检测与排除

1+X 要求

1. 能够具备安全防范意识,按照安全规范完成相关操作,做好安全防护
2. 能够识别安全风险,并具备处理安全相关紧急情况的知识和能力
3. 能够理解 ACL 原理,完成 ACL 基本配置
4. 能够独立完成网络连通性等基础故障排查,保障网络的正常运行
5. 能够排查设备硬件故障,并快速完成新设备配置恢复,保障业务连续性
6. 能够通过日常设备配置检查,排除潜在网络故障风险

7.1 网络安全概述

7.1.1 网络安全发展现状

Internet 的最大特点就是开放性。随着 Internet 的发展,网络上丰富的信息资源给用户带来

了极大的方便，但同时也给上网用户带来了安全问题。可以将计算机网络的安全理解为：通过采用各种技术和管理措施，使网络系统正常运行，从而确保网络数据的可用性、完整性和保密性。网络安全已成为一个专门的研究领域，其研究内容涉及多方面的理论和应用知识，包括计算机技术、网络技术、通信技术、密码学、法律等。

网络与信息系统安全的 3 个最基本原则是保密性（Confidentiality）、完整性（Integrity）和可用性（Availability），即 C.I.A 三元组，如图 7-1 所示。

图 7-1　信息安全 C.I.A 基本原则

1）保密性：即保护信息的内容免遭有意、无意或未授权的泄露。有许多方法可以损害保密性，如有意泄露公司的私有信息或滥用网络特权。

2）完整性：即确保未授权的人员或过程不能修改数据；已授权的人员或过程未经授权不能修改数据；数据的内部与外部相一致。

3）可用性：即确保相关人员能够可靠地、及时地访问数据或其他计算机资源，即保证当需要时系统能启动和运行。

从国家战略层面，网络安全被认为是除了传统的海、陆、空、天（太空）之外的第五国防，称为 Cyber-Space，因此可以说"没有网络安全就没有国家安全"。

从法律层面，我国于 2017 年 6 月 1 日起正式施行《中华人民共和国网络安全法》，确立了网络空间主权原则、网络安全和信息化发展并重原则、共同治理原则，是我国网络空间法治建设的重要里程碑。从实施层面，实行"网络安全等级保护制度"。网络运营者应当按照网络安全等级保护制度的要求，履行安全保护义务，保障网络免受干扰、破坏或者未经授权的访问，防止网络数据泄露或者被窃取、篡改。根据信息系统的重要性和遭受损坏后的危害性将信息系统分为五个安全保护等级，等级保护工作主要包括定级、备案、建设整改、等级测评、监督检查五个环节。

7.1.2　常见网络攻击技术

1．预探测与扫描技术

在准备攻击阶段，攻击者事先要进行探测和扫描，内容包括网络拓扑（见图 7-2）、主机操作系统及用户组、主机 IP 地址及端口打开情况（见图 7-3）等，知道了这些情况，攻击者才能选择合适的攻击手段。探测和扫描常用工具包括 X-Scan、WinScan、SuperScan、Ping Sweep 等。

2．网络监听技术

网络监听技术早期用于网络管理，后来被一些攻击者使用，通过在网络上实施监听可以获取账号、密码等关键信息。常见监听手段如下：在要监听的网络中接入一台主机，并将该主机的网卡设为混杂（Promiscuous）模式。正常的网卡应该只接收发往自身的数据报文、广播和组播报文，而混杂模式的网卡对报文中的目的硬件地址不加任何检查而全部接收，从而可以获取到在这个局域网内传输的任何信息。

图 7-2 网络拓扑

图 7-3 使用 SuperScan 扫描主机及端口

常用的监听软件包括 Wireshark、Sniffer、科来网络分析系统等，通过这些软件可以将网卡捕获到的数据按照协议分组的形式展现出来，可以方便地查看每一层数据分组的头部字段和数据部分的详细信息，如图 7-4 所示。

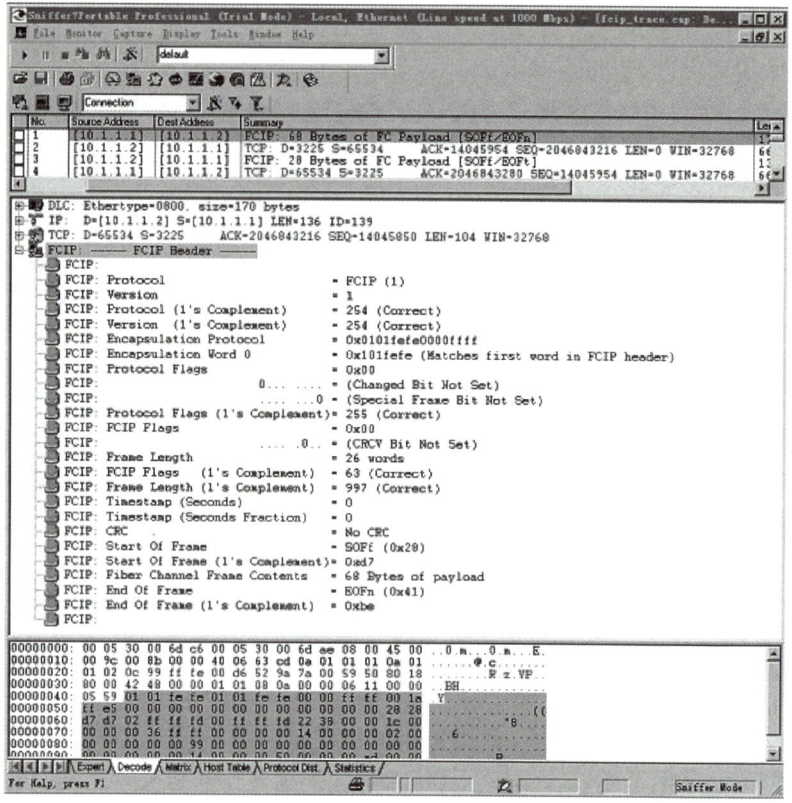

图 7-4 使用 Sniffer 查看数据分组头部及数据

3. 病毒

根据《中华人民共和国计算机信息系统安全保护条例》中的定义：计算机病毒，是指编制或者在计算机程序中插入的破坏计算机功能或者毁坏数据，影响计算机使用，并能自我复制的一组计算机指令或者程序代码。

计算机病毒主要包含 3 部分：引导部分、传染部分、表现部分。

- 引导部分的作用是将病毒主体加载到内存，为传染部分做准备，如驻留内存、修改中断、修改高端内存、保存原中断向量等操作。
- 传染部分的作用是将病毒代码复制到传染目标上去。
- 表现部分是病毒间差异最大的部分，根据编制者的不同目的而千差万别。大部分的病毒都是有一定条件才会触发其表现部分，如以时钟、计数器作为触发条件或用键盘输入特定字符来触发。

计算机病毒表现的现象主要包括如下几种。

- 计算机无法启动。
- 计算机运行速度明显变慢。
- 系统经常报告内存不足。
- 磁盘空间迅速减少。
- 多了很多文件或文件异常丢失。
- 没有运行网络程序时，网卡不停收发数据。

4. 木马

木马即特洛伊木马（Trojan Horse），名称源自希腊神话，指植入并伪装成良性程序的程序。木马往往可以在被植入的计算机上打开端口（俗称后门），从而便于远端计算机进行控制。木马的工作原理类似于远程控制软件，如 QQ 的远程协助，通过安装在一台计算机上的程序，另一台机器可以实施远程控制并获取所需数据。

木马程序一般由两部分组成：一个是木马服务器端程序，另一个是木马控制器程序（也被称为客户端程序），如图 7-5 所示。"中了木马"就是指被安装了木马服务器端程序，中了木马的目标主机被称为"肉机"。若目标主机被安装了木马并开始运行，则拥有控制器程序的人就可以通过网络控制目标主机为所欲为，这时目标主机上的文件、程序、账号、密码就无安全可言了。

图 7-5 木马程序的组成

木马主要依靠网页下载、E-mail、脚本漏洞等途径传播，然后通过一定的提示诱使目标主机运行木马服务器端程序。例如，目标主机打开了捆绑有木马的 E-mail 附件，当目标主机阅读 E-mail 附件的同时，木马服务器端程序也已经在后台运行着。此外，木马服务器端程序还可以通过修改注册表实现自启动功能。

由此可见，病毒和木马的主要区别如下。

1）病毒程序在一台主机上，不需要网络就可以运行，而木马程序由两台主机上的服务器端和控制端组成，其需要网络进行控制，离开网络，木马就不能工作。

2）病毒可以自己传播和繁殖（复制），而木马自身不繁殖，依靠手工操作（如下载文件、打开邮件）传播。

3）病毒一般以破坏软硬件系统和影响用户正常使用为目的，而木马以盗取用户信息和实施远程控制为目的。

在互联网高度发展的今天，木马和病毒的区别正在逐渐消失。为了进入并控制更多的计算机，木马被糅合了病毒的编写方式，能够自我复制；而为了获取更多的信息，有意破坏计算机系统的病毒变种也越来越少，基本都是隐蔽后台，长期埋伏，以木马的方式获取用户信息。这一类兼具病毒和木马特点的程序被称为"病毒型木马"或"木马型病毒"。

 思考：

木马有何危害？如何使自己的计算机防范木马？

5. 漏洞攻击

操作系统及应用软件都有可能存在漏洞，这些漏洞有可能被攻击者利用而入侵到主机内部。比较常见的漏洞包括 Windows 缓冲区溢出漏洞、Oracle 数据库的 TNS LOG 文件漏洞、FreeBSD 的 Smart IO 漏洞等。例如，Windows 缓冲区漏洞是指通过向程序的缓冲区写入超出其长度的内容，造成缓冲区溢出，从而破坏程序的堆栈，使程序转而执行其他指令，这种漏洞后来被很多攻击者和蠕虫病毒利用,造成了相当严重的破坏。

网络协议也存在漏洞,比较著名的有利用TCP三次握手漏洞的SYN Flood攻击。TCP在建立连接时需要在客户端和服务器端之间发送3个特殊格式的TCP段报文,这个过程被称为三次握手。假设一个用户向服务器发送了SYN报文后突然掉线,那么服务器在发出SYN+ACK应答报文后是无法收到客户端的ACK报文的(第3次握手无法完成),这种情况下服务器端一般会重试(再次发送SYN+ACK给客户端)并等待一段时间,这段时间称为SYN Timeout,这种状态被称为半连接状态,一般这个时间大约为30s~2min;如果有攻击者大量模拟这种情况,服务器端因维护大量的半连接而消耗非常多的资源导致瘫痪,如图7-6所示。

图7-6 SYN Flood 攻击

减少被漏洞攻击的主要方法是及时更新软件或打补丁,因为软件厂家一旦发现该软件有漏洞存在,一般都会及时发布软件更新或补丁以修复漏洞。

6. 口令攻击

口令攻击是指黑客以口令为攻击目标,破解合法用户的口令,或避开口令验证过程,然后冒充合法用户潜入目标网络系统,夺取目标系统控制权的过程。

口令攻击的主要方法包括如下几个方面。

1) 猜测攻击:根据用户定义口令的习惯猜测用户口令,像名字缩写、生日、宠物名、公司名等。在详细了解用户的社会背景之后,黑客可以列举出几百种可能的口令,并在很短的时间内就完成猜测攻击。

2) 字典攻击:如果猜测攻击失败,入侵者会继续扩大攻击范围,对所有英文单词进行尝试,程序将按序取出一个又一个的单词,进行一次又一次尝试,直到成功。例如,对于一个有8万个英文单词的集合来说,入侵者不到一分半钟就可试完。所以,如果用户的口令是单词、短语且不太长,那么很快就会被破译出来。

3) 穷举攻击:如果字典攻击仍然失败,入侵者会采取穷举攻击。由于人们往往偏爱简单易记的口令,穷举攻击的成功率很高。因此用户在设置口令时,应结合数字和字母并将口令长度设置得长一些。假设每0.001s检查一个口令,采用6位数字密码,则破解需要时间 $10^6*0.001=1000$s,如果采用6位数字字母混合密码(大小写区分),则破解需要时间 $(10+26+26)^6*0.001=56\,800\,235.6s\approx 657$天。

4) 直接破解系统口令文件:当上述所有的攻击方式都不奏效时,入侵者会寻找目标主机的安全漏洞和薄弱环节,入侵后伺机偷走存放系统口令的文件,然后破译加密的口令,以便冒充合法用户访问这台主机。

5) 网络嗅探:通过嗅探器(Sniffer软件等)在局域网内嗅探明文传输的口令字符串。避免此类攻击的对策是采用加密传输的方式进行网络传输。

6)键盘记录:在目标系统中安装键盘记录后门,记录操作员输入的口令字符串,如很多间谍软件、木马等都可能会盗取用户的口令。

7. 欺骗攻击

欺骗攻击是指伪造地址或伪装成其他主机或网络设备从而获取本不应收到的数据。欺骗攻击的种类较多,原理不尽相同,常见的欺骗攻击方式主要包括如下几种。

(1)ARP 欺骗

ARP 欺骗指通过伪造局域网内其他主机的 MAC 地址而冒充其他主机的欺骗方式。由于在数据链路层中数据帧通过 MAC 地址进行寻址,因此可以通过伪造其他主机的 MAC 地址而截获发送到其他主机的数据。

例如,在图 7-7 所示的网络环境中,主机 A 要发送数据给主机 B,那么 A 首先要通过 ARP 询问 B 的 MAC 地址。由于 ARP 通过广播方式进行询问,因此攻击者可以抢在主机 B 的之前回答说 IP 地址 192.168.0.35 对应的 MAC 地址为 0303.0303.0303。主机 A 收到这个回答后,就会在本机的 ARP 缓存中记录 IP 地址 192.168.0.35 对应的 MAC 地址为 0303.0303.0303。之后,主机 A 发送给主机 B 的数据就会被发送到 MAC 地址 0303.0303.0303(即攻击者)。

图 7-7 ARP 欺骗攻击

由此可见,虽然 MAC 地址被固定在网卡芯片中且不可以更改,但可以通过 ARP 通知其他主机错误的 IP 地址和 MAC 地址的对应关系,从而实现欺骗。目前,ARP 欺骗一般通过 ARP 病毒实现,感染该病毒的主机相当于攻击者,一般该病毒会冒充网关的 MAC 地址,这样所有发送到网关的数据都会被发送到该被感染主机,从而造成局域网内断网。对于 ARP 欺骗攻击,目前较好的解决方案是:在发生 ARP 欺骗的局域网内的每一台主机的 ARP 缓存表中手工绑定网关的 ARP 表(即正确的网关 IP 地址和 MAC 地址之间的映射)。

(2)IP 欺骗

IP 欺骗指通过伪造其他机器的 IP 地址而进行的欺骗方式。攻击者首先采用 DoS(Denial of Service,拒绝服务)攻击等方式使被攻击主机丧失工作能力,然后伪装成被攻击主机,同时建立起与目标主机基于地址验证的连接。如果成功,攻击者就可以收到发送给被攻击主机的数据。

(3)DHCP 欺骗

DHCP 欺骗是指伪装成局域网内部的 DHCP 服务器而进行的欺骗方式。由于 DHCP 客户端在获取 IP 地址的过程中通过广播形式寻找服务器,并且选择第一个收到的 DHCP OFFER 报文,且多个 DHCP 服务器存在于一个局域网中是被允许的,因此若攻击者先于授权服务器响应,客户端就将从攻击者处获取错误的配置。

8. Web 攻击

Web 攻击是指针对 Web 网站的各类攻击。随着越来越多的应用使用 Web 站点的形式，并且 Web 站点的漏洞数量相对多于操作系统，针对 Web 站点的攻击越来越多，甚至成为目前最主要的一种攻击方式。

Web 攻击中具体的攻击方法包括如下几种。

1）SQL 注入：利用 SQL 语法，在客户端通过 Web 表单或 URL 提交 SQL 语句到 Web 服务器端执行，从而获取数据库中的信息。例如，很多影视网站泄露 VIP 会员密码大多就是通过 Web 表单递交查询字符曝出的，这类表单特别容易受到 SQL 注入式攻击。

2）跨站脚本攻击：攻击者在网页中嵌入恶意脚本，当用户打开网页时，恶意脚本便开始在用户浏览器上执行，以盗取客户端 Cookie、用户名、密码，甚至下载木马等。

3）网页挂马：攻击者向网页中插入一段代码，当用户浏览网页的同时执行这段代码，将引导用户去自动下载已经放置在远端的木马程序，并将木马程序植入网页所在的客户端。

9. DoS 和 DDoS 攻击

DoS 攻击指攻击者通过发送大量请求或数据，占用了被攻击主机或网络设备的大部分资源，如带宽、连接数、CPU 等，使得被攻击主机或网络设备没有资源提供正常的网络服务。

对于一些安全性较高的政府网络或商业网络，攻击者可能无法进入系统内部，因此攻击者以消耗对方资源并使对方瘫痪为目的进行攻击，这种攻击就是 DoS 攻击，常用的手段包括 Ping of Death、Tear Drop、UDP Flood、SYN Flood、Land Attack、IP Spoofing DoS 等。

DDoS（Distributed Denial of Service，分布式拒绝服务）攻击指同时使用多台主机对某一目标进行的 DoS 攻击。当被攻击主机性能较高，一对一的 DoS 攻击不能起作用时，使用多对一的 DDoS 攻击可能会达到使对方瘫痪的目的。

7.1.3 常见网络防御技术

1. 防火墙

防火墙是位于两个网络之间（如企业内部网络和 Internet 之间）的软件或硬件设备的组合，它对两个网络之间的通信进行控制，通过强制实施统一的安全策略，防止对重要信息资源的非法存取和访问以达到保护系统安全的目的。防火墙通过监测、限制、更改跨越防火墙的数据流，尽可能地对外部屏蔽网络内部的信息、结构和运行状况，有选择地接受外部访问，对内部强化设备监管，控制对服务器与外部网络的访问，以防止发生破坏性侵入。

根据防火墙的工作原理，一般可以将防火墙分为包过滤防火墙、状态检测防火墙和应用层防火墙等。

（1）包过滤防火墙

一般根据用户定义的网络层和传输层的过滤规则对数据进行过滤，该过滤规则一般被称为访问控制列表（Access Control List，ACL）。ACL 中可控制的规则包括源/目的 IP 地址、源/目的 IP 网络、源/目的 TCP/UDP 端口。下面举例说明 ACL 条目的含义。

- permit tcp any host 210.29.224.45 eq 80：表示允许 any（即任何主机）通过 TCP 访问主机 210.29.224.45 的 80 端口。

- deny ip host 210.29.224.45 192.168.30.0 255.255.255.0：表示拒绝主机 210.29.224.45 通过 IP（包括使用 IP 的高层协议，如 TCP 和 UDP）访问网络 192.168.30.0（该网络子网掩码为 255.255.255.0）。

包过滤防火墙过滤时只检查传输层和网络层的头部信息，不检查数据部分，因此过滤效率高，但对应用层信息无感知，不理解应用层数据的内容，因此无法阻止应用层的攻击行为。

（2）状态检测防火墙

状态检测防火墙在包过滤防火墙的基础上，将进出网络的数据当成一个个的会话，在防火墙的核心部分建立并维护连接状态表，利用状态表跟踪每一个会话状态。状态检测对每一个包的检查不仅根据规则表，更考虑了数据包是否符合会话所处的状态，因此提供了完整的对传输层的控制能力。

例如，通过状态检测防火墙可以区别外网主动发送到内网的数据以及内网主机和外网主机建立 TCP 连接后的返回数据，以实现不同的处理方式；状态检测防火墙还可以阻止基于 TCP 三次握手漏洞的 SYN Flood 攻击。

目前，大多数较低档的硬件防火墙和具备 ACL 功能的路由器属于包过滤防火墙，较高档的硬件防火墙属于状态检测防火墙。

（3）应用层防火墙

应用层防火墙工作在应用层，可以对接收的数据从低层到高层解封装并查看每一层的头部和数据部分，既可以有包过滤防火墙的功能，也可以对应用层的协议和应用程序进行控制。例如，可以阻止应用层 Telnet 协议的使用，也可以阻止 QQ 程序的数据传输（这一类程序经常变换端口，仅通过包过滤防火墙无法控制）。

因此，应用层防火墙的功能最强大，但由于要在每一层进行解封装和头部分析，因此会影响网络性能。目前软件防火墙都是应用层防火墙，硬件防火墙也有一部分具有应用层防火墙的功能。

根据防火墙的构成，可以将防火墙分为硬件防火墙和软件防火墙，两者的区别如下。

1）软件防火墙用于保护一台或多台主机。软件防火墙采用纯软件的方式，运行于特定的计算机终端上，它需要客户预先安装好的计算机操作系统的支持。软件防火墙能够检查 2～7 层的分组数据并进行过滤，价格较低，但进行数据处理时有可能影响主机的 CPU 和网络性能。

2）硬件防火墙用于保护一个或多个网络。硬件防火墙一般通过硬件芯片检查 2～4 层的分组数据并进行过滤，一般有自己的操作系统和管理软件。硬件防火墙数据处理速度较快，基本不影响网络性能，但价格较高。

防火墙典型的功能策略如下（见图 7-8）。

图 7-8　防火墙功能策略

① 禁止外网主动访问内网的普通主机。
② 允许外网访问内网的指定服务器上的指定端口。

③ 允许内网主动访问外网。

④ 允许由于内网主动访问外网而从外网返回的数据。

以上策略中，策略①、②、③在普通的包过滤防火墙上通过配置访问控制列表就可以实现，策略④则需要状态检测防火墙才可以实现。如果需要对应用层协议或应用程序进行控制，还需要使用应用层防火墙或者在内网的主机和服务器上安装软件防火墙。

典型的防火墙部署方式如图 7-9 所示，外部网络被称为 Untrust 区，内部普通主机所在的网络被称为 Trust 区，内部服务器所在的网络被称为 DMZ 区（Demilitarized Zone，非军事区）。无论从 Trust 区还是 Untrust 区访问 DMZ 区的服务器都要经过防火墙，防火墙可以设置访问策略重点保护 DMZ 区免受攻击。

图 7-9 典型的防火墙部署方式

2. 入侵检测系统

入侵检测系统（Intrusion Detection System，IDS）是指工作在计算机网络系统中的关键节点上，通过实时地收集和分析计算机网络或系统中的信息，来检查是否出现违反安全策略的行为和遭到袭击的迹象，进而达到防止攻击、预防攻击的目的。

入侵检测系统一般作为主动保护自己免受攻击的网络安全设备，处于防火墙之后，在不影响网络性能的情况下对网络和系统进行实时监测，可以有效地防止或减轻上述网络威胁，帮助系统对付网络攻击，扩展了系统管理员的安全管理能力（包括安全审计、监视、攻击识别和响应），提高了信息安全基础结构的完整性。因此入侵检测系统成为防火墙之后的第二道安全闸门。

入侵检测系统可识别出一些具有典型攻击特征的行为，并加以拒绝。例如，攻击者往往对要攻击的主机或网络先进行扫描，这种扫描行为具有典型的特征，一般会连续尝试 ping 一个网络中的一段 IP 地址或者连续尝试连接一个 IP 地址上的每个端口，此时入侵检测系统分析这些扫描数据包的头部就会发现这些特征行为，并拒绝攻击者继续扫描。再例如 DoS 和 DDoS 攻击中，攻击者一般会尝试和一个 IP 地址或一个端口建立多个连接，此时入侵检测系统也会发现此类攻击行为。

入侵检测系统和防火墙的区别如下。

1）防火墙一般须由用户自定义过滤规则，因为其规则取决于用户的网络拓扑以及实际安全需求；而入侵检测系统一般由厂家定义过滤规则，并可升级更新，因为其规则相对复杂且具有普遍性。

2）防火墙定义的规则一般作用于一个 TCP/UDP 段或一个 IP 数据包，而入侵检测系统定义的规则可以作用于一系列数据包。

假如防火墙是一幢大楼的门卫,那么入侵检测系统就是这幢大楼里的监视系统。在共享式局域网中,入侵检测系统可部署于任何节点;在交换式网络中,入侵检测系统一般部署于网络出口处,并位于防火墙之后,如图 7-10 所示。

图 7-10　入侵检测系统的部署

但随着网络的迅速发展,网络传输速率大大加快,这造成了入侵检测系统工作的很大负担;同时由于网络攻击行为日益复杂和模式识别技术的不完善,降低了入侵检测系统对攻击活动检测的可靠性。因此目前只有对安全性要求较高的网络才会使用入侵检测系统。

3．Web 应用防火墙

随着针对 Web 应用和站点的攻击越来越多,普通防火墙难以检测和阻断,因此产生了 Web 应用防火墙(Web Application Firewall,WAF)。

与传统防火墙不同,WAF 工作在应用层,基于对 Web 应用业务和逻辑的深刻理解,通过执行一系列针对 HTTP/HTTPS 的安全策略来专门为Web应用提供保护,对来自 Web 客户端的各类请求进行内容检测和验证,确保其安全性与合法性,对非法的请求予以实时阻断,从而对各类 Web 应用和站点进行有效防护。

WAF 使用时需要及时更新规则库,并配置防护策略。WAF 一般部署在 Web 服务器区的前端,如图 7-11 所示。

图 7-11　WAF 的部署

4．防病毒系统

由于防火墙和入侵检测系统主要用于防止非法访问和攻击者的入侵行为,对病毒基本不起作用,因此需要使用防病毒系统以应对目前互联网上成千上万种病毒。防病毒系统主要包括单机版防病毒软件、企业版防病毒软件、防毒墙等。

1)单机版防病毒软件目前广泛使用的一类软件,安装在一台主机上,用于对单机的防护,常用产品包括瑞星杀毒软件、金山毒霸、360 杀毒等。

2)企业版防病毒软件安装在一个局域网或一个企业内部的一组主机上,用于对多台主机的防护。企业版防病毒软件一般由服务器端程序和客户端程序组成,可选择一台服务器安装服务器端程序,用于升级病毒库并对其余主机的防病毒情况进行管理和统计,其余主机安装企业版防病毒软件的客户端程序。常用产品包括 Norton 企业版、McAfee VirusScan 等。

3）防毒墙：防毒墙是一种网络安全硬件设备，一般部署在企业局域网和互联网交界的地方，用于对网络传输中企图进入局域网的病毒进行阻止或过滤。凡是病毒都有一定的特征，防毒墙会扫描通过网关的所有数据包，如果包含病毒则将其清除。但正因为需要扫描所有数据包，防毒墙会在一定程度上影响网络性能、增加网络延时。

无论哪一类防病毒系统，在使用时必须经常更新病毒库，否则对于一些新出现的病毒及其变种将无效。

7.2 密码学的原理及应用

密码学是网络安全的重要理论基础之一。通过加密、解密可以实现数据的保密性、完整性、抗否定性和身份认证功能。

7.2.1 加解密术语及模型

常见的加解密模型如图 7-12 所示。

图 7-12 常见的加解密模型

该模型中各术语的含义如下。

1）明文（Plaintext，记为 P）：信息的原始形式，即加密前（未经加密）的原始信息。

2）密文（Ciphertext，记为 C）：明文经过了加密后就变成了密文。

3）加密（Encryption，记为 E）：将计算机中的信息进行一级可逆的数学变换的过程。用于加密的这一组数学变换，称为加密算法。

4）解密（Decryption，记为 D）：授权的接收者接收到密文之后，进行与加密相逆的变换，恢复明文的过程称为解密；用于解密的一组数学变换称为解密算法。

5）密钥（Key，记为 K）：加密算法和解密算法中的参数。加密算法中的参数称为加密密钥（记为 K_e）；解密算法中的参数称为解密密钥（记为 K_d）。加密密钥和解密密钥一般由密钥生成算法同时产生。

因此，将明文加密为密文的过程可以表示为：$C=E(P, K_e)$；将密文解密为明文的解密过程可以表示为：$P=D(C, K_d)=D(E(P, K_e), K_d)$。

可见，加密和解密是两个相反的数学变换过程，它们都是用一定的算法实现的。若每次加密都使用完全相同的算法，则安全性得不到保证；若每次加密都使用完全不同的算法，则使用过程过于复杂。因此为了有效地控制这种数学变换，一般采用相对固定的算法，但每次加密时使用一组不同的参数，这就是密钥。

举例 1：将明文的 ASCII 码加 1 后形成密文。明文为：This is a book，加密后，密文为：Uijt jt b cppl。其中，加密算法为加法，密钥为+1，解密算法为减法，密钥为+1（当然，也可以看作解密算法为加法，密钥为-1）。

举例 2：将明文字符按照其编码转换为十进制数字后，使用加密算法 $C=P^m+n$，其中加密密钥为（m，n），则解密算法为 $P=(C-n)^{1/m}$，其中解密密钥为（$1/m$，$-n$）。每次加解密时只需要使用不同的密钥。

7.2.2 对称加密算法

在很多加解密标准中，加解密算法是公开的，因此控制加解密过程安全性的主要因素是密钥。加密密钥和解密密钥组成的密钥对一般由某种密钥生成算法同时产生，根据生成的一对密钥是否可以互相推算将密钥生成算法分为对称加密算法和非对称加密算法。

加密密钥和解密密钥可以互相推算的算法称为对称加密算法，如图 7-13a 所示。例如，上例中的加密算法 $C=P^m+n$，知道了加密密钥（m，n）就可以推算出解密密钥（$1/m$，$-n$），知道了解密密钥（$1/m$，$-n$）就可以推算出加密密钥（m，n）。

对称加密算法中无论加密密钥还是解密密钥都不能公开，因此只适用于本地加密，即先选择一种加密算法，再同时产生一对加密密钥和解密密钥，用包括加密密钥的加密算法进行加密，需要解密时再用包括解密密钥的解密算法进行解密。

对称加密算法不适用于网络加密。因为网络加密时，加密和解密在不同的主机上，需要通过网络传输密钥，而密钥在网络上的传输过程是不安全的，一旦加密密钥被截取，就可以推算出解密密钥而被解密，解密密钥也可能直接被截取。

常用的对称加密算法包括 DES、3DES、IDEA、RC2、AES 等。

7.2.3 非对称加密算法

由密钥对中的一个密钥不能推得另一个密钥的密钥生成算法被称为非对称加密算法，如图 7-13b 所示。若由密钥 a 不能推得密钥 b（由密钥 b 能否推得密钥 a 不一定），则 a 被称为公钥，因为该密钥可以被公开，b 被称为私钥，因为由 b 有可能推得 a 所以不能公开。使用非对称加密算法的加密体系被称为公钥加密体系。

图 7-13 密钥生成算法分类
a) 对称加密算法 b) 非对称加密算法

1976 年，美国学者 Whitefield Diffie 和 Martin Hellman 发表了著名的论文《密码学的新方向》(*New Directions in Cryptography*)，提出了建立"公开密钥密码体制"。由于由该体系中公钥不能推得私钥，因此公钥可以公开并在网络上传输，解决了对称加密体系中不能传输密钥的问题，因此目前非对称加密算法已经在网络加密、数字证书、数字签名等领域得到了广泛的应用。

目前，**最常用的非对称加密算法是 RSA 算法，该算法基于大素数分解**，其步骤如下。

1）设 n 是两个不同的大素数之积，即 $n=pq$（实际使用时一般要求 p 和 q 的值大于 10 100），计算其欧拉函数值 $z=(p-1)(q-1)$。

2）选择一个整数 d，使得 d 与 z 互质。

3）随机选一整数 e，使 $(e \times d)$ mod $z=1$（mod 为除法取余数运算）。

4）由明文 P 计算密文 C 的加密密钥为 (e, n)，加密算法为 $C=P^e$ mod n；

5）由密文 C 计算明文 P 的解密密钥为 (d, n)，解密算法为 $P=C^d$ mod n。

举例：假设素数 $p=3$，$q=11$，所以 $n=33$，$z=20$，选择与 20 互质的 $d=7$，可以选择 $e=3$，因为 (3×7) mod $20 = 1$，所以加密密钥为 $(3, 33)$，解密密钥为 $(7, 33)$。假设明文 $P=2$，则密文 $C=2^3$ mod $33=8$，解密时明文 $P=8^7$ mod $33=$ 2 097 152 mod $33=2$。

7.2.4 加解密相关协议及应用

1. SSL

SSL（Secure Sockets Layer，安全套接层）是 NetScape 公司研发的一种会话层协议，SSL 安全协议主要提供 3 方面的服务：一是用户和服务器的合法性认证，二是加密被传送的数据，三是保护数据的完整性。

2. HTTPS

HTTPS（Hyper Text Transfer Protocol Secure，超文本传输安全协议）是基于 HTTP 和 SSL 的一种应用层协议，即在 HTTP 层之下加入 SSL 层，服务器端默认端口号为 443。HTTPS 的功能和 SSL 的功能类似，两者的区别是：HTTPS 是一种应用层协议，用于加密网页中的超文本内容，一般结合浏览器使用；而 SSL 是一种会话层协议，可以用于加密任何应用层协议在网络上传输的内容。例如，在打开电子邮箱、网上银行等 HTTPS 页面时就使用了 HTTPS，如图 7-14 所示。

图 7-14　HTTPS 页面

HTTPS 加解密机制的工作原理如图 7-15 所示。会话层在每次会话时使用 SSL 产生一对公钥和私钥，HTTPS 可以从服务器端获取本次会话的公钥并将公钥传送到客户端，在客户端将用户提交的账号、密码等关键信息用公钥加密，加密后通过网络传输到服务器端，服务器端再用本次会话的私钥解密。由于在此过程中私钥并没有在网络上传输，且数据被加密后才进入网络，因此可以保证被加密数据在网络上传输的安全性。

图 7-15　HTTPS 加解密机制的工作原理

3. 数字证书

数字证书就是网络通信中标志通信各方身份信息的一系列数据，它提供了一种在 Internet 上验证用户身份的方式，其作用类似于司机的驾驶执照或日常生活中的身份证。它是由权威机构——CA（Certificate Authority，证书授权中心）发行的，人们可以在网络中用它来识别对方的身份。

数字证书是一个经证书授权中心数字签名，包含公开密钥拥有者信息以及公开密钥的文件。最简单的证书包含一个公开密钥、名称以及证书授权中心的数字签名。一般情况下，证书中还包括密钥的有效时间、发证机关（证书授权中心）的名称、该证书的序列号等信息。证书的格式遵循 ITUT X.509 国际标准。

一个标准的 X.509 数字证书应包含以下一些内容。

1）证书的版本信息。
2）证书的序列号。每个证书都有一个唯一的证书序列号。
3）证书所使用的签名算法。
4）证书的发行机构名称，其命名规则一般采用 X.500 格式。
5）证书的有效期，现在通用的证书一般采用 UTC 时间格式，它的计时范围为 1950～2049 年。
6）证书所有人的名称，其命名规则一般也采用 X.500 格式。
7）证书所有人的公开密钥。
8）证书发行机构对证书的签名。

例如，很多网上银行提供的 U 盾（一种用于身份认证和加密的硬件）中就包括银行给使用者颁发的数字证书，如图 7-16 所示。从中可以看出该数字证书的颁发者为 CCB CA ROOT，使用者为 y47764109，公钥算法为 RSA，数字签名算法为 sha1RSA，有效期到 2026 年 4 月 27 日。

图 7-16　数字证书应用——网上银行 U 盾

主机插入 U 盾后，打开网上银行主页，浏览器会自动导入数字证书，可以在浏览器的"设置"中的"Internet 选项"中查看数字证书，在其中选择"内容"选项卡，单击"证书"按钮，即可看到此时浏览器使用的证书，如图 7-17 所示。通过该证书可以确认使用者的身份，并且通过证书中的公钥将浏览器提交的数据加密。银行接收到加密的数据后，会用该数字证书用户的私钥进行解密。

图 7-17　在浏览器中查看数字证书

4. 数字签名

数字签名（Digital Signature）又称为电子签名，是指基于非对称加密算法对电子文档进行防伪造或防篡改处理的技术。数字签章、数字水印等都是数字签名的表现形式。目前数字签名相关技术已经被广泛应用于电子商务、电子政务、软件版权保护、电子邮件安全等方面。

数字签名的作用主要包括以下几个方面。

1）签名的可信性：接收者相信签名者慎重地签署了这份文件。

2）签名的不可伪造性：别人不能伪造签名者签名。

3）签名的不可重用性：伪造者不可能将签名者的签名从一个文件移到另一个文件上。

4）签名的不可抵赖性：签名者事后不能声称他没有签过名。

数字签名和验证是一个私钥加密、公钥解密的过程，其流程如图 7-18 所示，具体步骤如下。

图 7-18　数字签名过程

1）发送方（签名方）选择一种非对称算法生成公钥和私钥。

2）发送方先将要签名的消息通过 Hash 函数生成定长的消息摘要（长度一般为 128 位、256 位等）。如果不使用消息摘要而直接对消息进行签名，若原消息长度较长（如一本书），则生成的签名长度也很长，同时签名加密时要花费较多的时间。

3）发送方使用私钥对消息摘要进行加密生成签名。

4）发送方将消息和签名同时发送到接收方（验证方）或将其公布于众，同时公布的还有验证签名的公钥。

5）接收方采用和发送方同样的 Hash 函数将消息转换生成定长的消息摘要 1。

6）接收方使用发送方的公钥将签名解密生成消息摘要 2。

7）接收方将消息摘要 1 和消息摘要 2 进行比对，如果消息和签名都没有被更改过，则消息摘要 1 和消息摘要 2 相等，证明签名有效；如果消息和签名中至少有一项被更改过，则消息摘要 1 和消息摘要 2 不相等，证明签名无效。

由此可见，数字签名和验证也是一个加解密的过程。数字签名与 SSL、数字证书的相同点是都采用非对称加密算法且在网络上传输的都是公钥，主要区别是 SSL、数字证书采用公钥加密、私钥解密，而数字签名采用私钥加密、公钥解密。原因在于数字签名的目的是为了让公众验证信息，而 SSL、数字证书的目的是为了不让公众取得未加密的信息。

5．SET 协议

SET（Secure Electronic Transaction，安全电子交易）协议是由美国 Visa 和 MasterCard 两大信用卡组织提出的应用于 Internet 上的以信用卡为基础的电子支付系统协议。它采用公钥密码体制和 X.509 数字证书标准，主要应用于 B2C 模式中保障支付信息的安全性。SET 协议本身比较复杂，设计比较严格，安全性高，它能保证信息传输的机密性、真实性、完整性和不可否认性。在完成一次 SET 协议的交易过程中，一般须验证数字证书 9 次，验证数字签名 6 次，传递证书 7 次，进行签名 5 次，进行对称加密和非对称加密 4 次。

7.3 网络管理基础

国际标准化组织（ISO）定义了网络管理的 5 个功能域：故障管理、配置管理、安全管理、性能管理、计费管理。在实际应用中，主要通过 SNMP 及网络故障诊断工具进行网络管理。

7.3.1 SNMP

SNMP（Simple Network Management Protocol，简单网络管理协议）是专门用于网络管理的应用层协议。SNMP 管理的范围包括交换机、路由器、防火墙等网络设备以及服务器等终端，如图 7-19 所示，前提是在这些设备上安装了 SNMP 并被正确配置。管理内容包括网络状态监控、网络参数设置、网络流量的统计与分析、网络故障发现等。目前在大中型网络中普遍使用了 SNMP 进行管理，管理员可以足不出户地掌握整个网络的运行情况。SNMP 为了提高数据传输效率，在传输层使用 UDP 封装，服务器端使用 UDP 162 端口，客户端使用 UDP 161 端口。

图 7-19　SNMP 管理对象示例

SNMP 的网络管理模型如图 7-20 所示，主要包括 3 部分。

图 7-20　SNMP 的网络管理模型

1）网络管理站（Network Management Station，NMS）：相当于 SNMP 的服务器端，负责通过代理收集各管理对象的信息，并发出指令。

2）代理（Agent）：相当于 SNMP 的客户端，负责将管理对象的信息按时发送到网络管理站，并执行网络管理站发送的指令。

3）管理信息库（Management Information Base，MIB）：位于管理对象上的树形数据库（见图 7-21），存储了管理对象当前的运行状态，主要包括设备描述、接口状态、协议统计等。MIB 和代理一般都位于管理对象上。

图 7-21　树形数据库

SNMP 工作过程主要采用轮询机制，即管理站定时向代理发送请求，代理从 MIB 中获取数据并响应管理站。但在发生突发事件时，代理也可以主动向管理站发送报告。SNMP 工作时使用的 5 种基本操作如下。

1）GET-REQUEST：由 NMS 发送，请求获取一个 MIB 变量值。

2）GET-NEXT REQUEST：由 NMS 发送，请求获取一个 MIB 变量值的下一行数据。由于 MIB 变量值有可能是一张表，例如，接口变量中记录了多个接口的信息，因此查询时可以对这张表格先发送 GET-REQUEST 操作获取一行数据，再发送 GET-NEXT REQUEST 获取下一行数据。

3）GET-RESPONSE：由代理发送，用于响应 GET-REQUEST 或 GET-NEXT REQUEST

操作，返回查询结果。

4）SET-REQUEST：由 NMS 发送，用于设置一个 MIB 变量值，通过该操作可以对管理对象进行远程操作。

5）TRAP：由代理发送，当代理检测到管理对象发生突发事件时，如端口被关闭、生成树改变等情况，用 TRAP 操作向 NMS 进行报告。

在使用 SNMP 进行管理时，首先需要在管理对象上启用 SNMP 并进行配置，通过 UDP 161 端口定时发送信息。在网络管理站上也启用 SNMP 并通过 UDP 162 端口接收数据。由于 SNMP 数据结构和使用过程较为复杂，因此在网络管理站上可以使用网管软件以图形化的方式显示接收的数据，如图 7-22 和图 7-23 所示。常用网管软件包括 HP OpenView、Cisco Works、安奈特 SNMPc 等。

图 7-22　SNMP 网管软件主界面

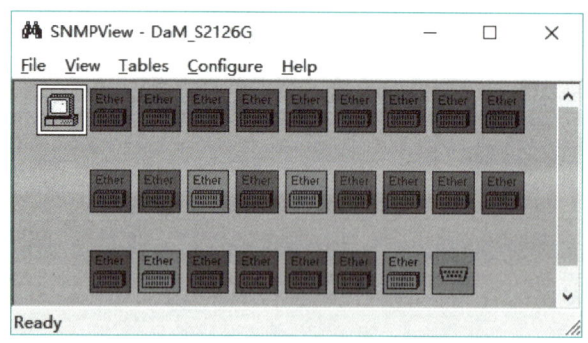

图 7-23　SNMP 网管软件显示接口状态

7.3.2　网络故障诊断工具

即使是很简单的网络，故障也是难免的。随着网络的规模越来越大，协议越来越多，应用也越来越广泛。计算机网络环境越复杂，网络发生故障的可能性越大，引发故障的原因也越发难以确定。能够正确地维护网络，快速定位并修复故障，保持网络正常运转，也是网络管理者的一个重要职责。

1．故障类别

常见的网络故障包括如下几个方面。

1）线路故障：在日常网络维护中，线路故障的发生率是相当高的，约占发生故障的70%。线路类型包括双绞线、同轴电缆和光纤等。线路故障通常包括线路损坏及线路受到严重电磁干扰等。

2）端口故障：端口故障通常包括插头松动、端口本身的物理故障以及端口被意外关闭。

3）硬件故障：包括交换机、路由器、网卡等硬件发生的故障，此类故障往往只能通过更换或修理硬件解决。

4）配置故障：主要指网络设备的配置错误以及主机的 IP 地址、子网掩码、网关、DNS 等参数的配置错误。

其中 1）～3）又称为物理故障，4）又称为逻辑故障。

2．简单故障处理方法

刚组建局域网及简单局域网时，物理类故障会比较多，常见的故障有网卡问题、插头问题、线接触不良、掉电等。首先应初步确认故障位置，如果只有一台主机发生故障，往往是该主机的网卡或连接该主机的线缆故障；如果某一工作组的所有主机发生故障，则往往是该工作组中的交换机故障；如果整个局域网出现故障，则往往是出口设备（路由器、防火墙等）或出口线缆的故障。常见故障处理方法如下。

（1）网卡

首先检查插在计算机 I/O 插槽上网卡的指示灯是否正常。网卡一般有两个指示灯："连接指示灯"（LNK）和"信号传输指示灯"（ACT）（见图 7-24），正常情况下，"连接指示灯"应一直亮着，而"信号传输指示灯"在信号传输时应不停闪烁。如"连接指示灯"不亮，应考虑连接故障，即网卡自身是否正常，安装是否正确，网线、集线器（交换机）是否有故障。如"信号传输指示灯"不闪，说明不能正常收发数据，应考虑是否存在配置故障。

（2）RJ-45 接头

RJ-45 接头（俗称水晶头）容易出故障，例如，双绞线的头部没顶到 RJ-45 接头顶端，绞线未按照标准脚位压入接头，甚至接头规格不符或者是内部的绞线断了。镀金层厚度对接头品质的影响也是不容忽视的，例如，镀金层太薄，网线经过三五次插拔之后，容易把镀金层磨掉从而导致插头被氧化发生断线。可用 RJ-45 测线仪（见图 7-25）进行测试，或者使用替换法排除网线故障，即用通信正常的网线来连接故障机，如能正常通信，显然是网线故障。

图 7-24　网卡指示灯

图 7-25　RJ-45 测线仪

(3)交换机或路由器

正常连接时,对应端口的灯应亮着,如果线插入了而灯没亮,要么是线路故障,要么是设备端口被关闭。此外还应检查是否有环路,即是否有一根线缆的两端插入同一台设备中。

(4)光纤接口

如果在局域网出口处使用光纤接入路由器或使用光纤收发器,则故障发生时,应检查光纤指示灯是否正常(见图 7-26)、光纤接口是否松动、光纤头是否被污染以及两根光纤尾纤是否接反(一根光纤发送,另一根光纤接收)。

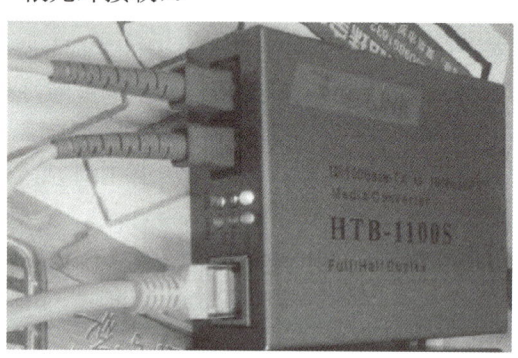

图 7-26 光纤接口及指示灯

对于复杂网络来说,除了以上物理故障之外,还应检查是否有逻辑故障。

3. 网络测试与诊断工具

Windows、Linux 操作系统以及网络设备的操作系统都提供了一些测试和诊断工具,通过这些工具可以检测网络状态、发现故障原因,此外还可以使用一些第三方软件进行诊断。下面以 Windows 操作系统为例,讲解几种常用的网络测试命令。

(1)ipconfig 命令

ipconfig 命令可以查看本机的 IP 相关配置,包括 MAC 地址、IP 地址、子网掩码、默认网关、DNS 服务器等。无论使用静态 IP 地址配置或动态 IP 地址配置方式,都可以使用该命令查看。使用时一般结合/all 参数,如图 7-27 所示。

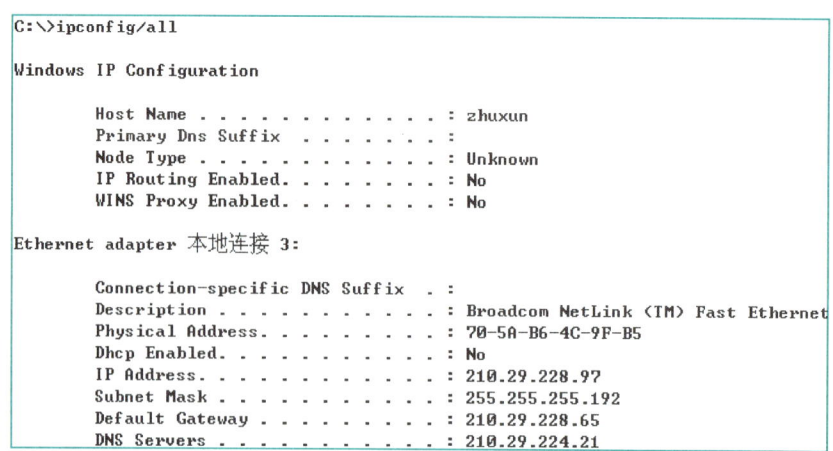

图 7-27 使用 ipconfig 命令查看 IP 相关配置

此外,在使用动态 IP 地址配置方式时,还可以使用 ipconfig/release 释放 DHCP 配置参数,使用 ipconfig/renew 重新从 DHCP 服务器获取 DHCP 配置参数。

（2）ping 命令

ping 命令通过在网络层发送 ICMP 数据包测试下三层的连通性，语法及主要参数的含义如下（见图 7-28）。

```
C:\>ping /?
Usage: ping [-t] [-a] [-n count] [-l size] [-f] [-i TTL] [-v TOS]
            [-r count] [-s count] [[-j host-list] | [-k host-list]]
            [-w timeout] target_name

Options:
    -t             Ping the specified host until stopped.
                   To see statistics and continue - type Control-Break;
                   To stop - type Control-C.
    -a             Resolve addresses to hostnames.
    -n count       Number of echo requests to send.
    -l size        Send buffer size.
    -f             Set Don't Fragment flag in packet.
    -i TTL         Time To Live.
    -v TOS         Type Of Service.
    -r count       Record route for count hops.
    -s count       Timestamp for count hops.
    -j host-list   Loose source route along host-list.
    -k host-list   Strict source route along host-list.
    -w timeout     Timeout in milliseconds to wait for each reply.
```

图 7-28 ping 命令的语法及参数

- target_name：目的地址，指被测试的计算机的 IP 地址或域名。
- -a：解析主机地址。
- -n：数量，发出的测试包的个数，默认值为 4。
- -l：数值，所发送测试包的大小。
- -t：继续执行 ping 命令，直到用户按〈Ctrl+C〉组合键终止。

例如，图 7-29 所示的结果表明：ping 目的地址为 119.75.218.70，共发送了 4 个 ICMP 数据包，有 3 个有应答，最后 1 个响应超时（Request timed out），说明线路基本通畅，但有丢包情况发生。"bytes=32"表示发送的 ICMP 包的大小为 32 字节，"time=26ms"表示应答时间为 26ms，"TTL=50"表示到目的地址后 TTL 值为 50。最后显示的是统计信息（statistics），共发送 4 个包，接收到 3 个包，丢失率为 25%，响应时间最小为 26ms，最大为 26ms，平均为 26ms。

```
C:\>ping www.baidu.com

Pinging www.a.shifen.com [119.75.218.70] with 32 bytes of data:

Reply from 119.75.218.70: bytes=32 time=26ms TTL=50
Reply from 119.75.218.70: bytes=32 time=26ms TTL=50
Reply from 119.75.218.70: bytes=32 time=26ms TTL=50
Request timed out.

Ping statistics for 119.75.218.70:
    Packets: Sent = 4, Received = 3, Lost = 1 (25% loss),
Approximate round trip times in milli-seconds:
    Minimum = 26ms, Maximum = 26ms, Average = 26ms
```

图 7-29 ping 示例 1

如线路不通，使用 ping 命令测试会一直显示响应超时，如图 7-30 所示。

```
C:\>ping 192.168.211.2

Pinging 192.168.211.2 with 32 bytes of data:

Request timed out.
Request timed out.
Request timed out.
Request timed out.

Ping statistics for 192.168.211.2:
    Packets: Sent = 4, Received = 0, Lost = 4 (100% loss),
```

图 7-30　ping 示例 2

当网络不稳定时，还可以使用-t 参数持续 ping 以观察丢包情况，如图 7-31 所示。

```
C:\>ping -t www.baidu.com

Pinging www.a.shifen.com [119.75.218.70] with 32 bytes of data:
Reply from 119.75.218.70: bytes=32 time=26ms TTL=50
Reply from 119.75.218.70: bytes=32 time=26ms TTL=50
Request timed out.
Reply from 119.75.218.70: bytes=32 time=26ms TTL=50
Reply from 119.75.218.70: bytes=32 time=26ms TTL=50
Request timed out.
Reply from 119.75.218.70: bytes=32 time=26ms TTL=50
Reply from 119.75.218.70: bytes=32 time=26ms TTL=50
Request timed out.
Reply from 119.75.218.70: bytes=32 time=26ms TTL=50
Reply from 119.75.218.70: bytes=32 time=26ms TTL=50
Reply from 119.75.218.70: bytes=32 time=26ms TTL=50
Reply from 119.75.218.70: bytes=32 time=26ms TTL=50
Reply from 119.75.218.70: bytes=32 time=26ms TTL=50
Reply from 119.75.218.70: bytes=32 time=26ms TTL=50

Ping statistics for 119.75.218.70:
    Packets: Sent = 18, Received = 14, Lost = 4 (22% loss),
Approximate round trip times in milli-seconds:
    Minimum = 26ms, Maximum = 26ms, Average = 26ms
```

图 7-31　ping 示例 3

（3）tracert 命令

tracert 是 trace route（跟踪路由）的缩写，执行该命令可以显示从源 IP 地址到目的 IP 地址经过的每一跳地址，这些地址一般代表了路由过程中的每一个路由器。如图 7-32 所示的 tracert 结果显示从本机到www.baidu.com 所在的服务器 119.75.218.70 共有 11跳，经过的 10 个中间节点依次是 122.94.200.1，222.45.70.137，…，10.65.190.131。

```
C:\>tracert www.baidu.com

Tracing route to www.a.shifen.com [119.75.218.70]
over a maximum of 30 hops:

  1    33 ms    30 ms    31 ms  122.94.200.1
  2    31 ms    31 ms    31 ms  222.45.70.137
  3    30 ms    31 ms    46 ms  222.45.238.149
  4    46 ms    31 ms    46 ms  222.45.238.1
  5    62 ms    62 ms    62 ms  61.237.123.165
  6    62 ms    62 ms    62 ms  61.233.9.202
  7    62 ms    62 ms    61 ms  222.35.251.110
  8    62 ms    62 ms    62 ms  222.35.251.202
  9    62 ms    62 ms    62 ms  bogon [192.168.0.5]
 10    62 ms    62 ms    62 ms  bogon [10.65.190.131]
 11    62 ms    62 ms    62 ms  119.75.218.70

Trace complete.
```

图 7-32　tracert 示例 1

tracert 命令的原理如下：在 IP 数据包中有一个 TTL 字段，IP 数据包每经过一个路由器，该字段值就被减 1，当某路由器将 TTL 值减 1 后发现 TTL 值为 0 时，该路由器将丢弃该数据包（因为再传下去的话 TTL 会变成负值，这是 IP 不允许的），并同时发送一个 ICMP 报文向源 IP 报告该错误。tracert 依次发送 TTL 值为 1、2、3…的 IP 数据包，即可根据返回的 ICMP 报文得知每一跳的地址。

tracert 命令经常被用于诊断网络的故障点，当目的 IP 地址无法到达时（即 ping 不通时），可以使用 tracert 查看数据传输到哪个路由器开始发生了中断。如图 7-33 所示的情况，可以看到故障点在路由器 202.119.129.34 及其下一跳路由器之间。

```
C:\>tracert 210.29.228.97

Tracing route to 210.29.228.97 over a maximum of 30 hops

  1    26 ms    31 ms    31 ms  122.94.200.1
  2    31 ms    31 ms    31 ms  222.45.70.1
  3    31 ms    31 ms    30 ms  222.45.237.189
  4    31 ms    31 ms    31 ms  222.45.237.5
  5    46 ms    46 ms    46 ms  61.237.97.93
  6    46 ms    46 ms    46 ms  61.237.112.6
  7    62 ms    62 ms    62 ms  202.38.123.69
  8    62 ms    62 ms   109 ms  202.112.53.177
  9    62 ms    62 ms    62 ms  202.112.36.70
 10    62 ms    62 ms    62 ms  202.112.36.250
 11    62 ms    62 ms    62 ms  202.112.53.26
 12    62 ms    62 ms    62 ms  zhz1.cernet.net [202.112.38.114]
 13    62 ms    62 ms     *     202.119.129.109
 14    61 ms    62 ms    77 ms  202.119.129.34
 15     *        *        *     Request timed out.
 16     *        *        *     Request timed out.
```

图 7-33　tracert 示例 2

tracert 命令也经常被用于诊断路由协议配置是否正确，特别是当一个局域网有多个出口时，可以使用 tracert 命令查看路由选择的结果并进行优化。例如，某公司局域网有中国电信和中国网通两个出口，但访问电信网内的某服务器速度较慢，此时可以使用 tracert 命令进行测试，结果发现访问该服务器的数据包从网通出口被转发出局域网，因此可以修改局域网出口设备上的路由表，使访问该服务器的数据包从电信出口被转发，从而提高访问速度。

（4）netstat 命令

netstat 命令可以显示协议的有关统计信息和当前 TCP/IP 网络连接的情况，用户或管理员可以得到详尽的统计信息结果，包括使用或打开的端口、正在使用的协议、收到和发出的数据、被连接的远程系统的端口等。当没有安装网络管理软件但要详细了解网络的使用状况时，可以使用该命令。

netstat 命令格式如下。

```
netstat [-a] [-e] [-n] [-o] [-p proto] [-r] [-s] [interval]
```

各参数的含义如下。

- -a：显示所有与该主机建立连接和正在监听的端口信息。如果省略，则不会显示监听端口。
- -e：显示以太网的统计信息，该参数一般与-s 参数共同使用。
- -n：以数字格式显示地址和端口信息，如果省略，则会显示相对应的服务名。
- -o：显示端口所属的进程 ID。
- -p proto：显示 proto 指定的协议的连接。
- -r：显示路由表。

- -s：显示每个协议的统计情况，这些协议主要有 TCP、UDP、ICMP 和 IP。
- interval：重新显示选定统计信息时，两次显示之间暂停的时间间隔（以 s 计）。按〈Ctrl+C〉组合键停止重新显示统计信息。如果省略，netstat 显示当前配置信息（只显示一次）。

例如，使用 netstat -e 显示以太网统计信息，如图 7-34 所示，包括接收和发送的字节数、单播包数量、非单播包数量、丢弃包数量、错误包数量等。

图 7-34　netstat 示例 1

使用 netstat -ano 以数字形式显示所有监听和打开的端口以及相应的进程编号（见图 7-35），"Proto"列表示协议，"Local Address"列表示本机 IP 地址及端口，"Foreign Address"列表示对端 IP 地址及端口（处于监听状态时对端 IP 地址被显示为 0.0.0.0），"State"表示当前状态，常见状态包括"LISTENING"（监听）和"ESTABLISHED"（已连接），"PID"表示打开该端口的进程编号。

图 7-35　netstat 示例 2

7.4　应用案例

案例描述：

公司领导发现上班时间经常有人聊天、打游戏等，于是交给小朱一个任务：只允许公司内网用户通过 Internet 使用网页查找资料、使用 FTP 上传和下载文件、收发电子邮件，其余应用一律禁止，如果有特殊应用可单独申请并经领导批准后开通；同时为了提高公司网络的安全性，应禁止外网主动访问内网除服务器以外的普通办公计算机。已知公司网络拓扑如图 7-36 所示。

图 7-36　公司网络拓扑

案例分析：

由于公司配置的是状态检测型硬件防火墙，公司领导的要求通过防火墙都可以实现，需要在防火墙上配置访问控制列表（ACL）实现控制策略。

解决方案：

小朱的解决方案如下。

由于访问网页的 HTTP 使用 TCP80 端口，FTP 使用 TCP21 端口，上传邮件的 SMTP 使用 TCP25 端口，下载邮件的 POP3 使用 TCP110 端口，防火墙上应配置如下 ACL 策略，见表 7-1。具体配置语句可参考各防火墙的配置手册。

表 7-1　防火墙策略表

数据方向	编号	允许/拒绝	协议	源 IP	源端口	目的 IP	目的端口
出	1	允许	TCP	所有	所有	所有	80（HTTP）
	2	允许	TCP	所有	所有	所有	21（FTP）
	3	允许	TCP	所有	所有	所有	25（SMTP）
	4	允许	TCP	所有	所有	所有	110（POP3）
	5	拒绝	IP	所有	—	所有	—
进	1	允许	IP	所有	—	服务器 IP	—
	2	拒绝	IP	所有	—	所有	—

关于表 7-1 的 ACL 配置，需要说明如下。

1）ACL 既可以过滤进来的数据，也可以过滤出去的数据。

2）如果针对 IP 地址进行过滤，应在过滤条目中指明协议为 IP；如果针对端口进行过滤，应在过滤条目中指明协议为 TCP 或 UDP。

3）ACL 过滤数据包时会按照条目依次过滤，一旦发现某条目允许该数据包通过，就不会再继续执行剩余条目。例如,内部用户向 POP3 服务器请求下载邮件,出方向的条目 4 允许该数据包通过,条目 5 就不会被执行。因此该表中的允许和拒绝条目并不冲突。

4)进入内网的数据包分为两类:外网主动访问内网的数据包和由内网访问外网而返回的数据包。状态检测防火墙会自动记录访问状态,外网主动访问内网的数据包会按照 ACL 中的进方向条目 1 和条目 2 过滤,而由内网访问外网而返回的数据包不会被 ACL 所过滤。例如,内部用户向 POP3 服务器请求下载邮件,返回的邮件不会被进方向的条目 2 拒绝。

5)表 7-1 中的进方向条目 1 实际上开放了服务器的所有端口,即外网可以访问该服务器的所有 TCP 和 UDP 端口,此时该服务器相当于没有得到任何防火墙的保护,安全性较差。更安全的做法是仅开放服务器提供服务的端口,例如,该服务器提供 HTTP 和 Telnet 服务,则应仅开放 80 和 23 端口。

7.5 本章小结

目前网络建设变得越来越方便,但网络安全问题却日益严峻,网络安全涉及的原理和技术相对复杂,因此作为网络管理者,需要了解常见的网络攻击手段,以便更好地进行防御。密码学对于提高数据传输的安全性相当重要,需要理解对称加密算法和非对称加密算法及常见的加解密应用。

在网络建设完成后,网络管理和维护是网络管理员的重要工作。对于大中型局域网和广域网的维护,一般需要使用 SNMP,通过该协议可以详细地了解网络的运行状态和故障点。对于中小型局域网来说,网络故障也会经常发生,需要掌握常见的故障类型及测试与诊断工具。

习题

一、选择题

1. 预探测和扫描的内容不包括(　　)。
   A．IP 地址　　　B．端口　　　C．病毒　　　D．操作系统及用户组
2. 下列关于木马的说法错误的是(　　)。
   A．木马由木马服务器程序和木马控制器程序两部分组成
   B．服务器程序被下载后就会立刻运行
   C．木马服务器程序可以是一个单独的程序,也可以嵌入其他程序
   D．一个控制器程序可以远程控制一个或多个服务器程序
3. SYN Flood 攻击利用了(　　)的漏洞。
   A．操作系统　　　B．缓冲区　　　C．数据库　　　D．TCP
4. DoS 和 DDoS 攻击是指(　　)。
   A．入侵对方主机的 DOS 操作系统
   B．获取对方主机的 DOS 账户密码
   C．使用 DOS 病毒攻击对方主机

D．消耗对方主机的资源使其不能提供正常的网络服务
5．包过滤防火墙的过滤 IP 数据包规则不包括（　　）。
　　A．源/目的 MAC 地址　　　　　　B．源/目的 IP 地址
　　C．源/目的 IP 网络　　　　　　　D．源/目的 TCP/UDP 端口
6．密钥是指（　　）。
　　A．加解密算法　　　　　　　　　B．一种密码
　　C．加解密算法中的参数　　　　　D．保管加密系统的钥匙
7．针对 Web 攻击的防护设备是（　　）。
　　A．防火墙　　　　　　　　　　　B．IDS
　　C．WAF　　　　　　　　　　　　 D．防毒墙
8．关于加解密算法的说法错误的是（　　）。
　　A．加解密算法分为对称加解密算法和非对称加解密算法
　　B．非对称加解密算法中的"非对称"是指加密算法和解密算法不一样
　　C．对称加解密算法不适用于在网络上进行加解密
　　D．由非对称加解密算法中的公钥不能推算得出私钥
9．以下使用私钥加密、公钥解密的是（　　）。
　　A．SSL　　　　B．HTTPS　　　　C．数字证书　　　D．数字签名
10．专门用于网络管理的协议是（　　）。
　　A．SNMP　　　B．SMTP　　　　C．SET　　　　　D．ICMP
11．可以查看本机 MAC 地址的命令是（　　）。
　　A．ping　　　　B．ipconfig　　　C．ipconfig/all　　D．tracert

二、简答题

1．什么是病毒和木马？两者有什么区别？
2．简述 ARP 欺骗攻击和 IP 欺骗攻击的原理。
3．什么是防火墙和入侵检测系统？两者有什么区别？

第 8 章 无线网和物联网

知识目标

1. 掌握无线局域网标准、设备和组网结构
2. 了解物联网及其应用

能力目标

1. 能够配置无线路由器
2. 能够使用无线终端连接 AP 或者无线路由器

素质目标

1. 通过有线网络到无线网络、计算机网络到物联网的发展,理解万物互联的发展趋势
2. 通过无线网和物联网的终端及应用的普及,理解网络技术对于云计算、大数据、人工智能等行业发展的推动作用,思考网络技术如何改变人类生活方式,思考网络时代的机遇与挑战

建议实训

实训 20:无线路由器连接 Internet

1+X 要求

1. 能够理解无线射频基础知识,掌握 WLAN 基本协议原理,识别 WLAN 产品和规格
2. 能够利用 FAT AP 模式进行无线网络部署

8.1 无线网

无线网络是无线通信技术和计算机网络技术相结合的产物,一般按照传输距离将其分为无线个域网、无线局域网、无线广域网等。其中无线局域网使用最为广泛,无线个域网有时也被包含在无线局域网的范围内,本书重点讨论无线局域网。

无线局域网(Wireless Local Area Network,WLAN)指使用无线传输介质且传输距离在 1000m 以内的局域网,目前主要使用 IEEE 802.11 标准,业界成立了使用该标准的 Wi-Fi 联盟。无线局域网适用于家庭、楼宇和园区,具有部署简单、接入便捷、成本低廉等特点,目前已得到广泛应用。

8.1.1 无线局域网标准

1. IEEE 802.11 标准（Wi-Fi）

美国电气和电子工程师协会于 1997 年通过了 IEEE 802.11 标准，该标准基于红外线和扩展频谱技术，定义了 OSI 模型的物理层和介质访问控制（MAC）子层的无线传输实现方式，是目前无线局域网中使用最为广泛的技术标准。IEEE 802.11 标准系列中常见子标准及其参数如表 8-1 所示。

表 8-1 IEEE 802.11 标准系列

标准名称	定义时间	无线频率/GHz	最高传输速率/（Mbit/s）	最大传输距离/m	说　明
802.11	1997	2.4	2	100	已淘汰
802.11a	1999	5	54	80	使用较少
802.11b	1999	2.4	11	100～300	
802.11g	2003	2.4	54	100～300	兼容 802.11b
802.11n	2009	2.4/5	300（单频）/600（双频）	1000	—

在 802.11 系列标准中，目前使用较多的是 802.11b、802.11g、802.11n 这 3 个标准。其中 802.11b 及其兼容标准使用最为广泛，又称为 Wi-Fi（Wireless Fidelity，无线保真），其室外无障碍最大传输距离为 300m。Wi-Fi 标志如图 8-1 所示。目前 Wi-Fi 已被广泛应用于网络设备、个人计算机、手机、数码相机等产品。802.11n 是该系列中最新的标准，得益于 MIMO（Multiple-Input Multiple-Output，多输入多输出）与 OFDM（Orthogonal Frequency Division Multiplexing，正交频分复用）技术，可以将 WLAN 的传输速率提高到 300Mbit/s 甚至 600Mbit/s。

2. IEEE 802.15.1（蓝牙）

1998 年 5 月，爱立信、诺基亚、东芝、IBM 和英特尔等著名厂商，在联合开展短程无线通信技术的标准化活动时提出了蓝牙（Bluetooth）技术，其标志如图 8-2 所示，旨在提供一种短距离、低成本的无线传输应用技术，并成立了蓝牙特别兴趣小组（Special Interest Group，SIG），后来 IEEE 将其定义为 802.15.1 标准。

图 8-1　Wi-Fi 标志

图 8-2　蓝牙标志

蓝牙工作在全球开放的 2.4GHz 无线频段，使用该频段无须申请许可证，因而使用蓝牙不需要支付任何频段使用费。蓝牙的数据传输速率为 1Mbit/s，最大传输距离为 10m，可同时连接 7 个设备，芯片大小为 9mm×9mm，使用时分复用的全双工传输方案。2009 年，蓝牙 3.0 标准推出，数据传输速率提高到了 24Mbit/s，使其传输多媒体信息的能力增强。

蓝牙是一种开放的技术规范，由于其短距离、小体积、低功耗、低成本等特点，适用于个人操作空间，例如，可以通过蓝牙将个人的笔记本计算机、手机、耳机、鼠标、打印机等相连，所以有时又被称为无线个域网。

8.1.2 无线局域网设备

1. 无线接入点

无线网络接入点（Wireless Network Access Point，简称无线 AP）和有线局域网中的集线器功能类似，用于接收、发送、放大无线信号，如图 8-3 所示。一个无线 AP 可以在几十米至几百米的范围内连接多达 256 个终端，使用多个无线 AP，可以覆盖较大的范围，使终端移动时保持不间断的网络连接，实现无线漫游。

图 8-3 无线接入点

但由于所有终端共享带宽，需要根据使用的无线协议确定每个 AP 连接多少个终端才能达到较高的性价比。例如，采用 802.11b 协议，每个 AP 的共享带宽为 11Mbit/s，则每个 AP 连接的终端不宜超过 20 个；采用 802.11n 协议，每个 AP 的共享带宽为 300Mbit/s，则每个 AP 连接的终端可以达到数百台。

AP 又分为 Fat AP（胖 AP）和 Fit AP（瘦 AP），区别如下。

1）胖 AP 可以单独进行配置，不能集中管理，适用于网络中 AP 数量较少的情况。胖 AP 的典型组网方式如图 8-4 所示。

图 8-4 胖 AP 的典型组网方式

2）瘦 AP 本身不能进行配置，需要一台专门的设备（无线控制器）进行管理配置，适用于网络中 AP 数量较多的情况。瘦 AP+AC 的典型组网方式如图 8-5 所示。

图 8-5 瘦 AP+AC 的典型组网方式

2. 无线控制器

无线控制器（Wireless Access Point Controller，简称 AC）用来集中化控制瘦 AP，如图 8-6 所示，是一个无线网络的核心，对 AP 的管理包括：下发配置、修改相关配置参数、射频智能管理、接入安全控制等。

图 8-6　无线控制器

使用瘦 AP+AC 的组网方式组建无线局域网，对于 AP 较多且不同 AP 配置一样的网络，可以使用 AC 将同样的配置下发给多个 AP，从而提高部署效率，并且便于管理和维护。

3. 无线路由器

无线路由器（见图 8-7）可以接入有线网络的末端，集成了无线 AP 和路由器的功能，可以实现无线数据传输以及路由选择。组网时无线路由器使用有线方式连接上一级网络，使用无线或有线方式连接下一级网络或终端，如图 8-8 所示。

图 8-7　无线路由器　　　　　图 8-8　无线路由器组网

思考：

无线 AP 和无线路由器分别工作在 OSI 模型的哪一层？在功能上有何区别？

8.2　物联网

8.2.1　物联网概述

物联网（Internet of Things，IoT）指通过射频识别、红外感应器、全球定位系统、激光扫描器等信息传感设备，按约定的协议，把任何物品与互联网连接起来，进行信息交换和通信，以实现智能化识别、定位、跟踪、监控和管理的一种网络。

和传统的互联网相比，物联网有其鲜明的特征。

1）物联网是一种泛在网络。物联网通过各种有线或无线网络与互联网融合，将物体的信息实时准确地采集并传递出去，在传输过程中为了保障数据的正确性和及时性，必须适应各种异构网络和协议。

2）物联网是各种感知技术的广泛应用。物联网上部署了海量的多种类型的传感器，每个传感器都是一个信息源，不同类别的传感器所捕获的信息内容和信息格式不同。传感器按一定的频率采集并更新数据，获得的数据具有实时性。

3）物联网具有智能处理的能力。物联网可以利用云计算、模式识别、神经网络等各种智能技术，从传感器获得的海量信息中分析、加工和处理出有意义的数据，对终端物体进行反向的智能控制。

物联网所涉及的关键技术，如无线射频技术、分布式计算、传感器、无线传输和互联网都是目前较为成熟的技术，并在相关领域已得到广泛的应用。物联网利用这些技术的交叉与融合，建立一个"物"与"物"相连的网络，从而完成远程实时数据交换与控制。

8.2.2 物联网体系结构及关键技术

1. 体系结构

从体系结构上来看，物联网可分为3层：感知层、网络层和应用层，如图8-9所示。

图8-9 物联网体系结构

1）感知层：由各种传感器、无线射频芯片、图像监控和识别设备等构成，包括温度传感器、湿度传感器、二氧化碳浓度传感器、二维码标签、RFID标签和读写器、摄像头、GPS等感知终端。感知层的作用相当于人的眼、耳、鼻、喉和皮肤等神经末梢，它是物联网识别物体、采集信息的来源。

2）网络层：由各种局域网络、互联网、有线网络、无线网络、移动通信网络、网络管理系统、中间件和云计算平台等组成，相当于人的神经中枢和大脑。其中各种网络负责传递和处理感知层获取的信息，中间件和云计算平台可对网络中的大量信息进行整合，进而为上层大规模的行业应用建立一个高效且可靠的网络计算平台。

3）应用层：是物联网和用户（包括人、组织和其他系统）的接口，它与行业需求结合，实现物联网的智能应用。典型的应用有智能交通、绿色农业、工业监控、动物标识、远程医疗、智能家居、环境检测、公共安全、食品溯源、城市管理、智能物流等。

2. 关键技术

（1）传感器和传感网

传感器（见图 8-10）是指能感受规定的被测量并按照一定的规律转换成可用信号的器件或装置，通常由敏感元件和转换元件组成。传感器的主要组成部分如图 8-11 所示。

图 8-10　传感器　　　　　　图 8-11　传感器的主要组成部分

传感器网络（简称传感网）是由部署在监测区域内的大量传感器节点组成，通过有线或无线通信方式形成自组织网络，从而获取大量的被检测对象的感知数据。和互联网相比，物联网的终端较为分散，使用环境也较为复杂，因此布线的难度和成本较大，使用无线传输技术（包括 Wi-Fi、蓝牙、ZigBee 等）的传感网络要多于使用有线方式连接的传感网络。传感网可探测的数据包括电磁、温度、湿度、噪声、光强度、压力、颜色、地震、土壤成分以及移动物体的大小、速度和方向等。

（2）射频识别

RFID（Radio Frequency IDentification，射频识别）是通过射频信号实现无接触式的信息传递，从而自动识别目标物体，并对其信息进行标志、登记、储存和管理的一种技术。

RFID 系统主要由 3 部分组成：电子标签（Tag）、天线（Antenna）和读写器（Reader），如图 8-12 所示。各部分的功能如下。

图 8-12　RFID 组成

- 电子标签：电子标签芯片具有数据存储区，用于存储待识别物品的标识信息。
- 读写器：将约定格式的待识别物品的标识信息写入电子标签的存储区中（写入功能），或在读写器的阅读范围内以无接触的方式将电子标签内保存的信息读取出来（读出功能）。
- 天线：用于发射和接收射频信号，往往内置在电子标签和读写器中。

RFID 系统的工作原理如下。

- 读写器通过发射天线发送一定频率的射频信号。

- 当电子标签进入发射天线工作区域时产生感应电流,它获得能量被激活,并将自身编码等信息通过卡中内置的天线发送出去。
- 系统接收天线接收到从电子标签发送来的载波信号,经天线调节器传送到读写器,读写器对接收的信号进行解调和解码,然后送到后台主系统进行相关处理。
- 主系统根据逻辑运算判断该卡的合法性,针对不同的设定作出相应的处理和控制,发出指令信号控制执行机构动作。

RFID 按工作频率的不同分为低频(LF)、高频(HF)、超高频(UHF)、微波(MW),其频率分别为:低频 135kHz 以下、高频 13.56MHz、超高频 860~960MHz、微波 2.4GHz。超高频标签因其具有可识别距离远和成本低的优势,未来将有望逐渐成为主流。RFID 的典型应用有一卡通系统、NFC、第二代身份证、电子门禁系统、不停车收费系统等。

(3) GPS

GPS(Global Positioning System,全球定位系统)是指利用卫星,在全球范围内实时进行定位、导航的系统,其原理是测量出已知位置的卫星到用户接收机之间的距离,然后综合多颗卫星的数据就可知道接收机的具体位置(经度和纬度)。GPS 广泛应用于智能交通,可结合车载 GPS 导航仪中的电子地图实现高精度、全天候的定位和导航。

8.2.3 物联网典型系统及应用

1. 移动支付

移动支付也称手机支付,指用户使用移动终端对所消费的商品或服务进行账务支付的一种方式。移动支付具有更好的便捷性,可以随时、随地实现银行转账支付、公交地铁刷卡、超市购物、购买电影票,甚至缴纳水电费等支付与结算过程。

移动支付原理如图 8-13 所示,系统为每个移动用户建立一个与其手机号码关联的支付账户,并绑定银行卡或其他支付卡,根据支付方式分为近场支付和远程支付两种。

图 8-13 移动支付原理

1)近场支付基于 NFC(Near Field Communication,近场通信)技术,通过 RFID 使用手机

近距离（接触或非接触）刷卡，要求手机含有 RFID 标签，POS 机中含有 RFID 读写器。

2）扫码支付指通过扫描条形码、二维码等方式，进行购物、比价、查询，又被称为"闪购"，如图 8-14 所示。

2. 智能物流

智能物流能够实现车辆定位、货物跟踪、运行统计、电子围栏、短信通知等功能，可以降低物流运营成本、提高服务质量、加快响应时间、提高客户满意度。物联网关键技术诸如物体标识及追踪、无线定位等新型信息技术应用，能够完成数据采集、交换与传递（见图 8-15），主动跟踪和监控运输过程与货物，实现物流的自动化和智能化，并可对物流客户的需求、商品库存、物流智能仿真等做出决策。

图 8-14　闪购

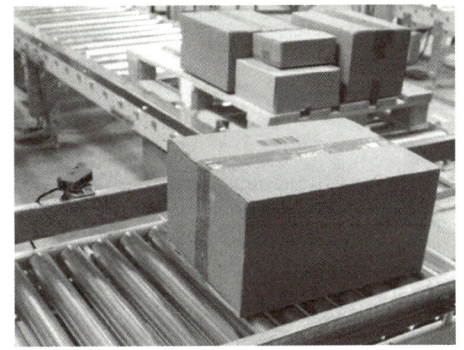

图 8-15　物流数据采集、交换与传递

3. 智能家居

智能家居集数字化、信息化、自动化服务为一体，通过网关将生活家电设备、安全防护系统等进行智能化集成，并可连接宽带网络、移动网络和电话系统，具有安全防护、电器设备管理、家庭娱乐、家庭通信等智能化功能，如图 8-16 所示。

图 8-16　智能家居示例

4．智能交通

智能交通的范畴包括交通监控指挥网络、车辆调度系统、全球定位系统、电子收费系统、紧急救援系统、无人驾驶技术等。

交通监控指挥网络通过遍布街道的摄像头和一些检测传感器，以及信息处理的软硬件系统进行交通流量实时分析、预测，建立车辆反馈指挥的体系，诱导、分流车辆，预判和防止交通事故，从而改善城市交通状况、保证交通安全、提高运输效率，如图8-17所示。

图8-17　交通监控指挥网络

电子收费系统（Electronic Toll Collection System，ETC）又称不停车收费系统，是目前先进的路桥收费方式，实现不需要停车就能交纳路桥费的目的，可以使收费站的通行能力提高3～5倍，如图8-18所示。电子收费系统需要在收费点安装路边设备（一般为RFID读写器），并在行驶车辆上安装车载单元设备（一般是贴在挡风玻璃上的RFID标签），采用短程无线通信技术完成路边设备与车载设备之间的通信。车载单元存有车辆的标识码和有关车辆属性的其他数据，当车辆进入识别区时，能将这些数据传送给路边设备，同时也可接收和记录由路边设备发送的有关数据。

图8-18　电子收费系统

无人驾驶技术指辅助驾驶员驾驶汽车或替代驾驶员自动驾驶汽车的系统。该系统通过安装在汽车前部和旁侧的雷达或红外探测仪，可以准确地判断车与障碍物之间的距离，遇紧急情况，车载计算机能及时发出智能交通警报或自动刹车避让，并根据路况自己调节行车速度。

思考：

你还见过哪些物联网应用？

8.3 应用案例

案例描述：

公司领导发现公司内部使用笔记本计算机和智能手机的员工越来越多，交给小朱一个任务：建立覆盖公司范围的 WLAN（无线局域网），以方便笔记本计算机和智能手机上网。

案例分析：

可使用无线 AP 实现公司 WLAN 的覆盖。

解决方案：

小朱的解决方案如下。

在 A 楼和 B 楼各增加一台交换机，各自连接若干无线 AP 实现 WLAN 覆盖，并通过 AC 进行统一配置和管理，网络拓扑如图 8-19 所示。

图 8-19 公司 WLAN 解决方案

在部署和配置无线 AP 时需要注意以下几点。

1）由于 AP 数量较多，每个 AP 单独配置工作量太大，因此采用瘦 AP+AC 的部署方式，所有 AP 都由 AC 进行配置和管理，可以将一份配置下发给所有 AP，从而减少工作量。

2）应选择兼容 802.11b/g/n 协议的无线 AP，并开放 2.4GHz 和 5GHz 两个无线频段，从而保证所有的客户端都能够接入公司的 WLAN。

3）无线 AP 一般可放置在大厅、走廊、会议室等场合，便于信号覆盖和管理维护，若办公室内信号不佳，也可将 AP 放在办公室内。

4）不同型号和品牌的 AP 覆盖半径可能不一样，因此应根据覆盖半径确定无线 AP 的数量，尽可能做到无缝覆盖，便于用户实现无线漫游（即在不断线的情况下从一个无线 AP 范围移动到另一个无线 AP 范围）。

5）有线网络和无线网络可以使用同一子网，也可以使用不同的子网。由于公司有线网络子网 1～7 中 IP 地址剩余数量不多，因此可创建子网 8 和子网 9 供 A 楼和 B 楼的 WLAN 使用。估计同时在线的无线终端数量不会超过 200 个，因此子网 8 和子网 9 可使用 C 类 IP 地址。增加 WLAN 后的公司子网划分情况如表 8-2 所示。

表 8-2　公司子网划分情况表

楼宇	子网序号	部门	主机数量	子网 IP 可用范围	子网掩码	网关地址
A 楼	1	行政部	50	192.168.0.2～192.168.0.62	255.255.255.192	192.168.0.1
	2	销售部	50	192.168.0.66～192.168.0.126	255.255.255.192	192.168.0.65
	3	研发部	100	192.168.0.130～192.168.0.254	255.255.255.128	192.168.0.129
	8	WLAN1	<200	192.168.1.2～192.168.1.254	255.255.255.0	192.168.1.1
B 楼	4	生产部	125	172.16.0.2～172.16.0.126	255.255.255.128	172.16.0.1
	5		125	172.16.0.130～172.16.0.254	255.255.255.128	172.16.0.129
	6		125	172.16.1.2～172.16.1.126	255.255.255.128	172.16.1.1
	7		125	172.16.1.130～172.16.1.254	255.255.255.128	172.16.1.129
	9	WLAN2	<200	192.168.2.2～192.168.2.254	255.255.255.0	192.168.2.1

8.4　本章小结

无线通信技术的不断发展使无线网络日益普及，无线终端可在无线网络覆盖范围内的任何地点接入，并可实现无线漫游，极大地提升了网络使用的便捷性。无线局域网标准主要有 Wi-Fi 和蓝牙，其中 Wi-Fi 的传输速率高、距离远、功耗大，而蓝牙的传输速率低、距离近、功耗低。组建大范围的 Wi-Fi 网络可以使用胖 AP 或者瘦 AP+AC 的模式，组建小范围的 Wi-Fi 网络可以使用无线路由器接入到有线网络的末端，并且 AP 相对于无线路由器来说也更加稳定。

物联网融合了传感、射频、GPS 等多种技术，通过有线网络或无线网络将不同类型的终端互联并接入 Internet。和计算机网络相比，物联网的终端类型和数据采集方式更加丰富，因而得到了越来越广泛的应用。

习题

一、选择题

1. 802.11 是（　　）的标准。
   A．无线个域网　　　B．无线局域网　　　C．无线城域网　　　D．无线广域网
2. 802.11 系列标准中传输距离最远、传输速率最高的标准是（　　）。
   A．802.11a　　　　B．802.11b　　　　C．802.11g　　　　D．802.11n
3. 和 Wi-Fi 相比，蓝牙（　　）。
   A．能够连接的设备更多　　　　　　　B．传输距离更远
   C．传输速率更快　　　　　　　　　　D．功耗更低
4. 无线 AP 的功能是（　　）。
   A．作为无线网络的终端设备　　　　　B．作为无线网络中的路由设备
   C．作为无线网络中的信号中继设备　　D．作为无线网络中的服务器
5. 无线控制器 AC 的功能不包括（　　）。
   A．下发配置给瘦 AP　　　　　　　　B．统一修改瘦 AP 配置参数
   C．接入安全控制　　　　　　　　　　D．集中管理胖 AP
6. RFID 系统的组成部分不包括（　　）。
   A．摄像头　　　　B．电子标签　　　　C．读写器　　　　D．天线
7. 手机支付系统涉及的技术不包括（　　）。
   A．RFID　　　　　　　　　　　　　　B．图像识别技术
   C．传感技术　　　　　　　　　　　　D．移动通信技术
8. GPS 指（　　）。
   A．通用分组无线服务技术　　　　　　B．全球定位系统
   C．无线传输协议　　　　　　　　　　D．射频识别技术

二、简答题

1. WLAN 有哪两种组网模式？两种模式各自的特点是什么？
2. 什么是传感器和传感网？试举例说明手机上常见的传感器有哪些。

计算机网络基础——基于案例与实训
第3版
实训工作手册

姓　　名＿＿＿＿＿＿＿＿＿＿

专　　业＿＿＿＿＿＿＿＿＿＿

班　　级＿＿＿＿＿＿＿＿＿＿

任课教师＿＿＿＿＿＿＿＿＿＿

机械工业出版社

目 录

实训 1　双绞线制作 ··· 1
实训 2　串行通信技术 ··· 4
实训 3　局域网组网 ·· 7
实训 4　数据链路层协议分析 ··· 11
实训 5　交换机组网及基本配置 ·· 15
实训 6　TCP/IP 配置及子网划分 ·· 18
实训 7　网络层协议分析 ··· 21
实训 8　ARP ·· 24
实训 9　路由器的基本配置 ·· 27
实训 10　主机静态路由配置 ·· 29
实训 11　传输层协议分析 ··· 31
实训 12　NAT 技术 ··· 33
实训 13　WWW 服务 ·· 36
实训 14　FTP 服务 ·· 41
实训 15　Telnet 服务 ·· 45
实训 16　DHCP 服务 ··· 49
实训 17　远程桌面 ·· 55
实训 18　常用网络命令 ·· 59
实训 19　局域网故障检测与排除 ·· 63
实训 20　无线路由器连接 Internet ·· 67

说明：
1. 可根据实训条件及课时安排选做部分实验。
2. 实训主机操作系统：客户机一般为 Windows 10（兼容 Windows 7）；服务器一般为 Windows Server 2016（兼容 Windows Server 2012），但由于 Windows Server 2016 不支持 Telnet 服务器，因此本书实训 15 使用 Windows Server 2012。

实训 1 双绞线制作

班级_____ 学号_____ 姓名_____ 小组编号_____ 成绩_____

设备及工具	双绞线、水晶头、压线钳
实训目标	1）理解双绞线的分类。 2）掌握 EIA/TIA568 标准和双绞线制作方法。 3）掌握双绞线测线仪的使用方法
知识链接 双绞线的分类及应用	（1）双绞线及其分类 双绞线由 8 根铜导线分成 4 对绞合在一起，成对扭绞的作用是尽可能减少电磁辐射与外部电磁干扰的影响，每根铜导线会用不同颜色的保护层包裹以绝缘。 根据是否外加金属网丝或铝箔的屏蔽层，可将双绞线分为非屏蔽双绞线和屏蔽双绞线，如图 1-1 所示。屏蔽双绞线抗干扰性好但价格较高，因此一般场合使用的是非屏蔽双绞线，安全性高的场合才会使用屏蔽双绞线。 　　　　a)　　　　　　　　　　　　b) 图 1-1　双绞线 a) 非屏蔽双绞线　b) 屏蔽双绞线 根据电气特性，可将双绞线分为三类、四类、五类、超五类、六类、七类线，不同类别的双绞线有不同的传输带宽和传输距离。目前百兆以太网中常用的是五类和超五类线，五类线上标有 CAT5 字样，而超五类线上标有 CAT5E 字样。千兆以太网使用六类以上双绞线。 （2）EIA/TIA568 标准 EIA/TIA 国际综合布线标准中规定了两种双绞线的线序 EIA/TIA568-A（俗称 A 标）与 EIA/TIA568-B（俗称 B 标），其线序如下。 568-A：绿白-1，绿-2，橙白-3，蓝-4，蓝白-5，橙-6，棕白-7，棕-8。 568-B：橙白-1，橙-2，绿白-3，蓝-4，蓝白-5，绿-6，棕白-7，棕-8。 目前使用较多的是 EIA/TIA568-B 标准。

（续）

知识链接	在百兆以太网中，只使用双绞线中的 1、2、3、6 四芯，其中 1、2 用于发送，3、6 用于接收；千兆以太网中，8 芯都被使用。 两端都按同一标准制作的双绞线称为直通线，一端按照 A 标另一端按照 B 标制作的双绞线称为交叉线。早期直通线用于连接不同级设备（如交换机和计算机），交叉线用于连接同级设备（如交换机和交换机、路由器和路由器），但由于目前绝大多数同级设备也兼容直通线，因此交叉线已逐渐被淘汰
实训内容	1）按照 568-B 标准制作双绞线。 2）使用测线仪测试双绞线
 水晶头端接与跳线制作	1）用压线钳中的剥线器将双绞线的外皮除去 3cm 左右，如图 1-2 所示。 图 1-2 剥去双绞线外皮 2）按照 EIA/TIA568-B 标准将双绞线中的 8 芯从左向右排好，如图 1-3 所示。需要特别注意的是，绿色线对必须跨越蓝色线对。 图 1-3 按照 EIA/TIA568-B 标准排线 3）将裸露出的双绞线剪下只剩约 15mm 的长度，并将其插入 RJ-45 接头（俗称水晶头）的引脚内，再用压线钳压紧水晶头，如图 1-4 所示。注意插入水晶头内的线一定要顶到头，否则压接后双绞线中的铜芯无法接触到水晶头上的铜片。做好的水晶头如图 1-5 所示。 图 1-4 剪线与压线　　图 1-5 水晶头正面与侧面 4）重复步骤 1）~3），再制作另一端的 RJ-45 接头。 5）将双绞线两端接入测线仪进行测试，见图 1-6，如果测线仪上的 8 个指示灯依次全亮，说明 EIA/TIA568-B 标准双绞线制作成功。如果有指示灯不亮，说明水晶头未压制好或双绞线铜芯出现断裂；如果指示灯亮的顺序不对，说明水晶头线序不正确。

（实训步骤 列标题位于左侧）

（续）

实训步骤	 图1-6 使用测线仪测试双绞线
任务拓展	1）检查实验所用的网线是哪一类双绞线，说明该类双绞线的最高传输速率是多少。 2）EIA/TIA 568-B 标准的 RJ-45 接口中，3、4、5、6 四个引脚的颜色分别为_____。 　　A．白绿、蓝色、白蓝、绿色　　　　B．蓝色、白蓝、绿色、白绿 　　C．白蓝、白绿、蓝色、绿色　　　　D．蓝色、绿色、白蓝、白绿 3）双绞线中的一对线缆为何要绞在一起，其作用是什么？ 4）简述测线仪指示灯怎样闪亮双绞线才算制作合格。
实训总结	

考核评价		分值	得分	评语
	自我评价	共30分	分	
	组内互评	共30分	分	
	教师评价	共40分	分	

实训 2　串行通信技术

班级_____ 学号_____ 姓名_____ 小组编号_____ 成绩_____

设备及工具	交换机、串口线
实训目标	1）理解串/并行通信的区别。 2）掌握使用超级终端软件通过串口或以太网口进行串行通信的方法
知识链接	（1）串/并行通信 　　串行通信是指数据比特流以串行方式一位一位地在信道上传输的方式，每次传输一位。并行通信是指数据比特流以成组的方式在并行信道上同时进行传输的方式，一次可以传输多位。计算机主板上一般都有串口（COM 口）和并口（LPT 口），如图 2-1 所示。串口有 9 个引脚，其中只有 1 个引脚用于发送数据、1 个引脚用于接收数据，其他 7 个引脚用于控制或接地，串口常用于连接调制解调器等对速度要求不高的外设；并口有 25 个引脚，其中有 8 个引脚用于发送数据或接收数据，其他 17 个引脚用于控制或接地，并口常用于连接打印机等对速度要求较高的外设。 图 2-1　串口和并口图 （2）超级终端 　　超级终端软件可使用串口发送或接收数据实现串行通信，主要用于现场总线测试以及系统通信开发。通过超级终端可以连接主机、网络设备、单片机、手机等，实现 Telnet、BBS、文件传输、网络设备配置、手机刷机等功能
实训内容	使用超级终端通过串口连接交换机进行交换机配置
实训步骤	1）通过串口线（又称 RS232 接口线）将主机串口和交换机的配置口（Console 口）相连，如图 2-2 所示，没有串口的主机可以使用 USB 转串口线进行连接。 图 2-2　主机通过串口连接交换机 2）打开超级终端软件，选择"文件"菜单中的"新建连接"选项，在打开的对话框中选择串口线连接的串口名例如"COM1"，如图 2-3 所示。

（续）

实训步骤

图 2-3　选择串口

3）单击"确定"按钮，在打开的对话框中参照图 2-4 所示的参数进行串口配置。

图 2-4　串口参数配置

4）单击"确定"按钮，和交换机建立串口连接，此时可输入交换机命令查看或配置交换机，如图 2-5 所示。 |

（续）

实训步骤	 图 2-5　主机通过串口连接交换机
任务拓展	1）串行通信和并行通信有什么区别？ 2）打印机使用并口还是串口？
实训总结	

考核评价		分值	得分	评语
	自我评价	共 30 分	分	
	组内互评	共 30 分	分	
	教师评价	共 40 分	分	

实训 3　局域网组网

班级_____学号_____姓名_____小组编号_____成绩_____

设备及工具	交换机、网线、主机（每组 4 台）
实训目标	组建一个简单的、以交换机为中心的小型局域网，并对每一台计算机配置网络协议、子网掩码和默认网关等参数，实现局域网内的计算机互通和文件共享，使学生对局域网有一个直观的、感性的认识
实训内容	1）主机与交换机的连接。 2）配置每一台计算机的网络标识、使用的网络协议与 IP 地址等。 3）用 ping 命令检验网络的连通性。 4）局域网内文件共享
实验拓扑	本实训拓扑如图 3-1 所示。 主机A　　主机C 主机B　　主机D 图 3-1　实训拓扑
实训步骤	**1．网络组建与地址配置** 　　1）首先使用双绞线将 4 台计算机与交换机实现连接。 　　2）连接完成后，开始为计算机配置 IP 地址信息。选中桌面上的"网络"图标，在快捷菜单中选择"属性"选项，打开"网络和共享中心"，如图 3-2 所示。 图 3-2　网络和共享中心

（续）

实训步骤	3）单击"Ethernet0"连接，打开"Ethernet0 状态"对话框，如图 3-3 所示，单击"属性"按钮，打开"Ethernet0 属性"对话框，如图3-4所示。 图 3-3 "Ethernet0 状态"对话框　　图 3-4 "Ethernet0 属性"对话框 4）选中"Internet 协议版本 4（TCP/IPv4）"，单击"属性"按钮，在弹出的对话框中，将 4 台主机的 IP 地址分别设置成 192.168.0.1 至 192.168.0.4 中的一个，子网掩码设置为 C 类网的默认子网掩码 255.255.255.0，如图 3-5 所示。注意：一定要保证 4 台计算机的 IP 地址各不相同。 图 3-5　配置主机 IP 地址和子网掩码

(续)

5）用 ping 命令检验网络的连通性。在其中一台计算机的命令提示符中输入 "ping 192.168.0.*"，命令中的 "*" 代表 1、2、3、4 中的一个。ping 通的结果如图 3-6 所示；不能 ping 通的结果如图 3-7 所示，则需要检查网络连接及 IP 配置。这样一个简单的局域网就搭建完成了。

图 3-6 ping 通的示例图

图 3-7 不能 ping 通的示例图

2．文件共享设置

1）要想使本机的磁盘或文件夹能被其他计算机访问，必须先设置其共享属性。选择一个磁盘或者文件夹，在快捷菜单中选择"属性"选项，打开属性对话框，选中"共享"选项卡，如图 3-8 所示。单击"共享"选项卡中的"共享"按钮，在弹出的对话框中选择要与其共享的用户，Administrator 用户已经默认具有共享权限，也可以添加其他用户，完成后单击"共享"按钮，如图 3-9 所示。

图 3-8 文件夹属性对话框

图 3-9 共享用户设置

2）在另外一台主机的"运行"对话框中输入 "\\IP 地址\共享文件夹名称"，如图 3-10 所示，即可打开共享文件夹，结果如图 3-11 所示。

（续）

实训步骤	 图 3-10　执行打开共享文件夹的命令　　　图 3-11　共享文件夹				
实训总结					
考核评价		分值	得分	评语	
	自我评价	共 30 分	分		
	组内互评	共 30 分	分		
	教师评价	共 40 分	分		

实训 4　数据链路层协议分析

班级_____　学号_____　姓名_____　小组编号_____　成绩_____

设备及工具	Wireshark 软件
实训目标	1）理解数据链路层帧格式。 2）掌握 Wireshark 协议分析软件的使用。 3）掌握通过 Wireshark 抓取帧并进行协议分析的办法
知识链接	（1）数据链路层帧格式 　　数据链路层的传输单位为帧，在发送端，数据链路层将网络层的数据按照一定格式封装为帧并发送给物理层，在接收端，数据链路层将物理层的数据按照一定格式解封装为帧并发送给网络层。 　　目前，在数据链路层使用比较多的是以太网协议。以太网帧格式如图 4-1 所示。 | 目的MAC地址 6B | 源MAC地址 6B | 类型 2B | 数据 46~1500B | 校验码 4B | 图 4-1　以太网帧格式 其中各字段的含义如下。 　　目的 MAC 地址：下一跳的 MAC 地址，帧每经过一跳（即每经过一台网络设备，如交换机等），该地址会被替换，直到最后一跳被替换为接收端的 MAC 地址。 　　源 MAC 地址：发送端 MAC 地址。 　　类型：用来指出以太网帧内所含的上层协议。对于 IP 报文来说，该字段值是 0x0800。对于 ARP 信息来说，类型字段的值是 0x0806。 　　数据：从上层或下层传来的有效数据，如果少于 46B，须增补到 46B。 　　校验码：CRC 校验码，校验数据在传输过程中是否出错。 （2）Wireshark 软件介绍 　　常用的协议分析软件包括 Sniffer、NetXRay、Wireshark，通过该类软件可以截获网络传输数据并按照协议格式进行分析。本实训采用免费的 Wireshark，可以从 http://www.wireshark.org 安装文件。Wireshark 的主界面如图 4-2 所示。 图 4-2　Wireshark 主界面

（续）

知识链接	Wireshark 的主要功能区如图 4-3 所示。 图 4-3　Wireshark 的主要功能区 如果抓取的数据包过多，可以采用过滤器筛选出想要的数据包，如图 4-4 所示，在过滤器中输入关键字，例如协议名称"http"，单击右侧的 ➡ 按钮便可筛选出所有的 HTTP 协议包。 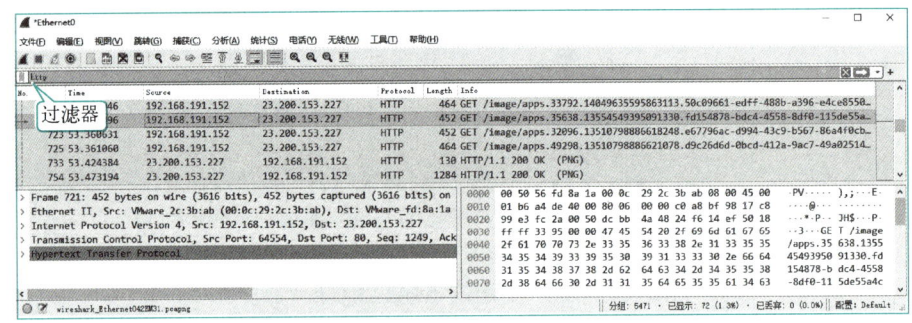 图 4-4　数据包过滤
实训内容	1）掌握抓包软件的安装与使用。 2）掌握通过抓包软件抓取帧并进行分析的办法
实训步骤	1）选择"捕获"→"开始"菜单命令进行抓包，如图 4-4 所示，过几秒钟后单击"停止"按钮，如图 4-5 所示。 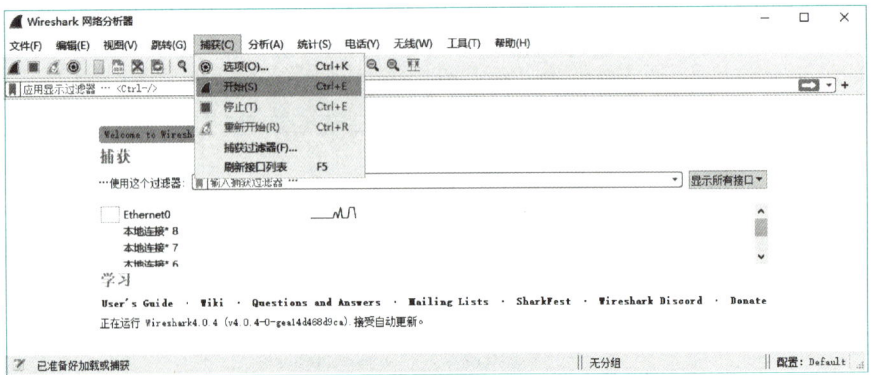 图 4-5　"捕获"菜单 停止后将显示抓取的所有数据包，如图 4-6 所示。

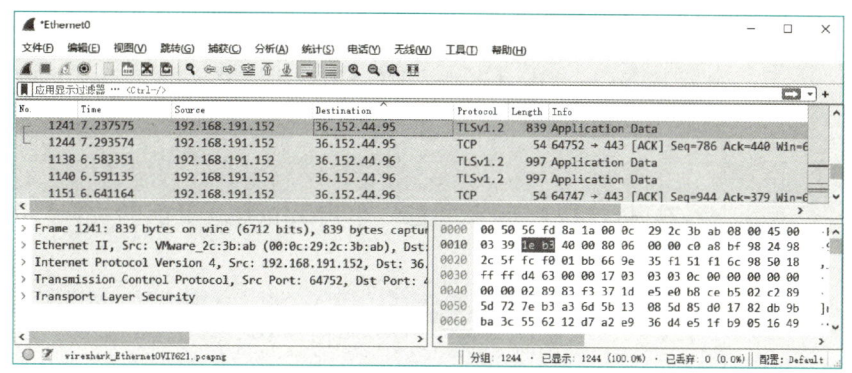

图 4-6 抓取的数据包

2）选中一个数据包，可以看到该数据包的各层封装协议如图 4-7 所示。可以看出：该数据包没有应用层协议，在传输层使用 UDP 封装，在网络层使用 IP 封装，在数据链路层使 Ethernet II 协议封装。

3）任意选中一帧，可以看到该帧所在的各层分组的封装信息，如图 4-7 所示。

图 4-7 分层封装信息

从封装信息可以看出，该帧在数据链路层使用的是 Ethernet II 协议，到网络层被封装为 IP 数据包，到传输层被封装为 UDP 数据包，没有应用层协议。

4）单击 Ethernet II 前的+号，可以看到该帧在数据链路层的详细信息，如图 4-8 所示。

图 4-8 数据链路层详细信息

可以看出该帧的源 MAC 地址为 00-30-18-a9-c5-aa，目的 MAC 地址为 94-0c-6d-66-00-8a，类型特征码为 0800（表示 IP 封装），在数据区可以看到该帧的完整数据（十六进制表示，可以右击数据区，在弹出的菜单中选择二进制表示）。从十六进制表示的数据可以看出该帧完全符合以太网帧格式。

任务拓展

1）用主机 A ping 主机 B 同时进行抓包，在结果中可以看到如图 4-9 所示的 4 个包。

(续)

```
No. Time      Source           Destination      Protocol Info
1 0.000000   Elitegro_ae:8a:d9  Broadcast        ARP      who has 192.168.0.12? Tell 192.168.0.3
2 0.000146   Elitegro_d7:cf:1e  Elitegro_ae:8a:d9 ARP     192.168.0.12 is at 00:1b:b9:d7:cf:1e
3 0.000154   192.168.0.3      192.168.0.12     ICMP     Echo (ping) request  (id=0x0200, seq(be/le)=4864/19, ttl=64)
4 0.000286   192.168.0.12     192.168.0.3      ICMP     Echo (ping) reply    (id=0x0200, seq(be/le)=4864/19, ttl=64)
```

图 4-9 找到 ARP 相关的 4 个包

2）依次选中这 4 个包，单击 Ethernet II 前的+号，可以看到详细信息，如图 4-10 所示。

```
⊞ Frame 1: 42 bytes on wire (336 bits), 42 bytes captured (336 bits)
⊟ Ethernet II, Src: Elitegro_ae:8a:d9 (00:1e:90:ae:8a:d9), Dst: Broadcast (ff:ff:ff:ff:ff:ff)
  ⊞ Destination: Broadcast (ff:ff:ff:ff:ff:ff)
  ⊞ Source: Elitegro_ae:8a:d9 (00:1e:90:ae:8a:d9)
    Type: ARP (0x0806)
⊞ Address Resolution Protocol (request)

0000  ff ff ff ff ff ff 00 1e  90 ae 8a d9 08 06 00 01  ................
0010  08 00 06 04 00 01 00 1e  90 ae 8a d9 c0 a8 00 03  ................
0020  00 00 00 00 00 00 c0 a8  00 0c                    ..........
```

图 4-10 数据链路层的详细信息

3）分析数据，可以发现 ping 的过程包括如下 4 个步骤，请按实际实验结果填写。

① 主机 A 发出 ARP 包询问"谁知道主机 B 的 MAC 地址，请告诉我"，该 ARP 包所在帧的目的 MAC 地址为_____，说明这是一个广播包。

② 机房中的所有主机都收到了这个广播包，其中有一台主机回答了一个 ARP 包，该包说：主机 B 的 MAC 地址为_____，回答的机器是：
  □主机 B   □交换机
因为该 ARP 包所在的帧的源地址为_____。

③ 主机 A 向主机 B 发出一个 ping request（ping 请求）包，该包所在的帧的类型字段的值为_____（用十六进制表示），说明该帧的上层协议为_____。
从首部明细区的封装过程可以看出，该包的最高层封装协议为：
  □Ethernet   □IP
  □ICMP

④ 主机 B 向主机 A 发出一个 ping reply（ping 响应）包。

任务拓展				
实训总结				
考核评价		分值	得分	评语
	自我评价	共30分	分	
	组内互评	共30分	分	
	教师评价	共40分	分	

实训 5　交换机组网及基本配置

班级_____　学号_____　姓名_____　小组编号_____　成绩_____

设备及工具	交换机、串口线、双绞线
实训目标	1）掌握使用交换机组建简单局域网。 2）了解交换机配置模式。 3）了解交换机基本配置
知识链接	使用以太网交换机可以将多个终端连接成局域网，要求终端配置的 IP 地址在同一网络或同一子网范围内。如果终端 IP 地址不在同一网络或同一子网范围内，即使用交换机连接，终端之间也不能互通。 　　交换机分为普通交换机和网管型交换机。普通交换机使用时不需要配置便可直接使用，网管型交换机可进行配置以便更好地使用和管理，可配置的内容包括交换机名称、口令、接口、VLAN、生成树等。 　　网管型交换机一般有多种配置模式，不同的配置内容需要进入不同的配置模式才能操作，同时提供了一定的安全性、规范性。以锐捷交换机为例，常用的几种配置模式如下（假设交换机名称为 switch）。 ● 普通用户模式：开机直接进入普通用户模式，在该模式下只能查询交换机的一些基本信息，如版本号、交换机时间等，还可以执行 ping、traceroute、telnet 等命令。该模式下的所用操作都不会修改交换机的配置。该模式的提示信息为 switch>。 ● 特权用户模式：在普通用户模式下输入 enable 命令和密码（如果存在）即可进入特权用户模式，在该模式下可以查看交换机的几乎所有配置信息和调试信息等。该模式下的所有操作也不会修改交换机的当前配置。该模式的提示信息为 switch#。 ● 全局配置模式：在特权用户模式下输入 configure terminal 命令即可进入全局配置模式，在该模式下主要完成全局参数的配置，如交换机名称、口令、VLAN 等。该模式的提示信息为 switch（config）#。使用快捷键〈Ctrl+Z〉或命令 exit 可退出全局配置模式，回到特权模式。 ● 接口配置模式：在全局配置模式下输入 interface interfaceName（interfaceName 为接口名称，如 fastEthernet 0/1）即可进入接口配置模式，在该模式下主要完成接口参数的配置，如接口的速率、接口所属的 VLAN、接口是否关闭等。该模式的提示信息为 switch（config-if）#。使用快捷键〈Ctrl+Z〉或命令 exit 可退出接口配置模式，回到全局配置模式。使用命令 end 可退出接口配置模式，回到特权用户模式。 　　功能越多的交换机配置越复杂，配置命令也越多，可以使用"？"列出当前模式下所有可执行的命令，也可以在命令没有输入完时使用〈Tab〉键自动补齐命令
实训内容	1）使用空配置交换机连接多个终端并测试。 2）了解交换机配置模式。 3）对交换机进行简单配置

实训拓扑	拓扑如图 5-1 所示，交换机初始命名为 Switch。一台主机使用配置线通过串口（COM 口）连接到交换机的控制口（Console 口）用于对交换机进行配置，同时使用双绞线通过网卡（NIC）连接到交换机的以太网端口 F0/1 进行测试。 图 5-1　交换机基本配置实训拓扑
实训步骤	1）配置模式之间的切换（注意："!"后为注释而不是命令）。 　　switch>_____　　! 下面进入特权模式 　　switch# 　　switch#_____　　! 下面进入全局配置模式 　　switch（config）#_____　　! 进入交换机 F0/5 的端口模式 　　switch（config-if）# 　　switch（config-if）#_____　　! 退回到上一级操作模式 　　switch（config）# 　　switch（config-if）#_____　　! 直接返回到特权模式 　　switch#_____　　! 退出到用户模式 　　switch> 2）交换机名称的设置及端口的基本配置。 　　switch#configure　　　　　　　　　　　　! 进入全局配置模式 　　switch（config）# hostname switchA　　　　! 设置交换机的名称为 switchA 　　switchA（config）# interface　fastethernet 0/1　! 进入端口配置模式 　　switchA（config-if）#speed 10　　　　　　! 设置端口速率为 10Mbit/s 　　switchA（config-if）#speed 100　　　　　　! 设置端口速率为 100Mbit/s 　　switchA（config-if）# shutdown　　　　　　! 关闭该端口 　　switchA（config-if）# no shutdown　　　　　! 开启该端口 观察主机的网络连接有何变化。_____ _____ 3）查看交换机的各项信息，并记录实训结果。 　　switchA#show version　　　　　　　　　　! 查看交换机的版本信息 　　switchA#show mac-address-table　　　　　　! 查看交换机的 MAC 地址表 在主机上使用 ipconfig/all 命令查看主机的 MAC 地址为_____。 该交换机的 MAC 地址表说明了该主机连接在交换机的_____端口上。

（续）

实训步骤	switchA#show running-config　　　!查看交换机当前生效的配置信息 　　running-config 是指当前生效的配置，保存在交换机的内存中，掉电或重启时会消失，并在重启后从 startup-config 调入；startup-config 是指启动配置，保存在交换机的 NVRAM 中，不会因掉电或重启而消失。因此交换机配置完成并确认无误后，一般应将 running-config 保存到 startup-config 中。操作如下：在特权用户模式下，输入 copy running-config　startup-config 命令，或输入 write memory 命令。
实训总结	

考核评价		分值	得分	评语
	自我评价	共30分	分	
	组内互评	共30分	分	
	教师评价	共40分	分	

实训 6 TCP/IP 配置及子网划分

班级_____ 学号_____ 姓名_____ 小组编号_____ 成绩_____

设备及工具	Windows 操作系统主机及局域网
实训目标	1) 掌握网卡 TCP/IP 相关参数配置。 2) 理解子网掩码相关原理,掌握通过子网掩码划分子网的方法
知识链接	子网掩码是一个 32 位地址,用于标识 IP 地址所在的子网。 在没有划分子网前,IP 地址分为网络号和主机号两部分。例如,C 类 IP 地址的组成如图 6-1 所示。 | 网络号 (24bit) | 主机号 (8bit) | 图 6-1 未划分子网的 C 类 IP 地址组成 若要将一个网络划分为若干个子网,可以从主机号中取出 n 位作为子网号,此时可划分出 2^n 个子网。例如,要将一个 C 类网划分为 8 个子网,则 IP 地址的组成如图 6-2 所示。 | 网络号 (24bit) | 子网号 (3bit) | 主机号 (5bit) | 图 6-2 划分为 8 个子网的 C 类 IP 地址组成 由于根据 IP 地址本身无法确定"子网号"部分的位数,因此需要通过子网掩码和 IP 地址一起来划分子网。 子网掩码的形式为 11⋯1100⋯00。其中,1 的位数对应"网络号"+"子网号"的长度;0 的位数对应"主机号"的长度。 例如,不划分子网的 C 类网的子网掩码如图 6-3 所示,即 255.255.255.0。 | 11⋯11 (24bit) | 00⋯00 (8bit) | 图 6-3 未划分子网的 C 类网的子网掩码组成 划分为 8 个子网的 C 类网的子网掩码如图 6-4 所示,即 255.255.255.224。 | 11⋯11 (27bit) | 00000 (5bit) | 图 6-4 划分为 8 个子网的 C 类网的子网掩码组成
实训内容	1) 查看所在主机网卡的 TCP/IP 配置。 2) 通过子网掩码将机房中的主机划分为若干子网。 3) 测试同一子网以及不同子网主机间的连通性
实训步骤	1) 参照实训 3 打开本机的"Internet 协议版本 4(TCP/IPv4)属性"对话框,查看本机的 IP 地址相关配置,如图 6-5 所示。

实训步骤	 图 6-5　配置主机 IP 地址和子网掩码 记录本机实训结果如下。 IP 地址：_____ 子网掩码：_____ 网关：_____ DNS 服务器：_____ 2）根据记录的 IP 地址判断该 IP 地址属于： □A 类网地址　　　　□B 类网地址　　　　□C 类网地址 根据记录的子网掩码判断此时该网络中是否划分了子网： □是　　　　　　　　□否 原因：_____ _____。 此时该网络中的任两台机器是否连通（可通过 ping 命令查看）： □是　　　　　　　　□否 若要将每 8 台机器划分为一个子网，则子网掩码应设为_____。 将该子网掩码配置到网卡的 TCP/IP 参数中。此时本机所属子网的 IP 地址范围为_____。 此时本机和同一子网中的其他主机是否连通： □是　　　　　　　　□否 本机和非同一子网中的其他主机是否连通： □是　　　　　　　　□否 使用该子网掩码后部分计算机会出现如图 6-6 提示，为什么？

（续）

实训步骤	Microsoft TCP/IP IP 地址和子网掩码组合无效。已将 IP 地址的主机地址部分的所有位都设为 0。请输入一个有效的 IP 地址和子网掩码组合。 确定 图 6-6　出错提示
任务拓展	将一个网络划分为若干子网，请查阅相关资料并回答。 1）划分出的每个子网都必须一样大吗？ 2）划分出的同一子网中所有主机的子网掩码都一样吗？ 3）划分出的不同子网中所有主机的子网掩码都一样吗？
实训总结	

考核评价		分值	得分	评语
	自我评价	共 30 分	分	
	组内互评	共 30 分	分	
	教师评价	共 40 分	分	

实训 7　网络层协议分析

班级_____ 学号_____ 姓名_____ 小组编号_____ 成绩_____

设备及工具	Wireshark 软件
实训目标	1）理解 IP 数据包格式。 2）掌握通过协议分析软件抓取 IP 数据包并进行分析的办法
知识链接	网络层使用的协议包括 IP、ICMP、ARP 等，其中 IP 占据网络流量的大部分。IP 数据包分为报头区和数据区两部分，格式如图 7-1 所示。 图 7-1　IP 数据包格式 IP 数据包格式中各主要字段的含义如下。 ● 版本：长度为 4 位。取值一般为 0100（IPv4）或 0110（IPv6）。 ● 报头长度：长度为 4 位。指明报头区的长度，以 32bit 为单位。 ● 总长度：长度为 16 位。表示包括报头区和数据区在内的 IP 数据包的总长度，以字节（B）为单位。 ● 生存周期：长度为 8 位。该字段设置了该 IP 数据包可以经过的最多的路由器数，一旦经过一个处理它的路由器，它的值就减去 1，当该字段的值为 0 时，IP 数据包就被丢弃，并发送 ICMP 消息通知源主机。 ● 协议：长度为 8 位。该字段用于指定该 IP 数据包的上层协议，常见取值有 6（TCP）、17（UDP）、1（ICMP）。 ● 源/目的 IP 地址：长度为 32 位。该字段用于指定发送者和所期望的接收者的 IP 地址
实训内容	1）使用 Wireshark 软件抓取指定 IP 数据包。 2）对抓取的 IP 数据包按协议格式进行各字段含义的分析
实训步骤	1）打开 Wireshark 软件，关闭已有的联网程序（防止抓取过多的包），开始抓包。 2）打开浏览器，输入 http://www.baidu.com，网页打开后停止抓包。 3）在命令提示符输入 ipconfig 后看到本地主机的 IP 地址为 192.168.27.107，

然后输入 nslookup www.baidu.com，可以解析出本次通信中百度网站的 IP 地址为 180.97.33.107。

4）如果抓取到的 IP 数据包比较多，可以在 Wireshark 的过滤器中输入 http，单击"应用"按钮进行过滤，如图 7-2 所示。在过滤结果中通过源 IP 地址和目的 IP 地址查找与百度网站通信的相关 IP 数据包。

图 7-2　IP 数据包格式

5）在过滤的结果中选择与百度通信的一个包含 HTTP GET 请求的 IP 数据包，该包用于向百度网站服务器发出 HTTP GET 请求，如图 7-3 所示。

图 7-3　选中一个 HTTP GET 请求的 IP 数据包

6）选中该 IP 数据包后，单击该数据包封装明细区中 Internet Protocol 前的+号，显示该 IP 数据包的报头区和数据区，如图 7-4 所示。

图 7-4　选中的 IP 数据包的报头区和数据区

根据实验实际结果填写：

(续)

实训步骤	1）该 IP 数据包的"版本"字段值为_____（以二进制表示），该值代表该 IP 数据包的协议版本为： 　□IPv4　　　　　　　　　□IPv6 2）该 IP 数据包的"报头长度"字段值为_____（以二进制表示），该值代表该 IP 数据包的报头长度为_____B。 3）该 IP 数据包的"总长度"字段值为_____（以二进制表示），该值代表该 IP 数据包的总长度为_____B，可以推断出该 IP 数据包的数据区长度为_____B。 4）该 IP 数据包的"生存周期"字段值为_____（以二进制表示），该值代表该 IP 数据包最多还可以经过_____个路由器。 5）该 IP 数据包的"协议"字段值为_____（以二进制表示），该值代表该 IP 数据包的上层封装协议为_____。 6）该 IP 数据包的"源 IP 地址"字段值为_____（以二进制表示），该值代表该 IP 数据包的源 IP 地址为____.____.____.____。 7）该 IP 数据包的"目的 IP 地址"字段值为_____（以二进制表示），该值代表该 IP 数据包的目的 IP 地址为____.____.____.____。
实训总结	

考核评价		分值	得分	评语
	自我评价	共30分	分	
	组内互评	共30分	分	
	教师评价	共40分	分	

实训 8　ARP

班级_____　学号_____　姓名_____　小组编号_____　成绩_____

设备及工具	交换机、主机（2 人一组）
实训目标	1）理解 ARP 的功能、原理及工作过程。 2）掌握 Windows 操作系统的 ARP 命令。 3）理解交换机的 MAC 地址表
知识链接	（1）MAC 地址 MAC（Media Access Control，介质访问控制）地址是以太网中的物理地址（Physical Address），是烧录在网卡等网络组件芯片里的硬件地址，长度为 48bit。其中 1~24 位为组织标志符，代表网卡或其芯片生产厂商，25~48 位由厂商自己分配。例如，MAC 地址 00-90-27-99-11-cc 的前 6 个十六进制数字（即二进制的 1~24 位）00-90-27 表示该网卡由 Intel 公司生产，相应的网卡序列号为 99-11-cc（25~48 位）。 MAC 地址就如同身份证上的身份证号码，具有全球唯一性，世界上任何两块网卡的 MAC 地址都是不一样的。在数据链路层通过 MAC 地址来识别主机。 （2）ARP/RARP ARP 用于将 IP 地址解析为物理地址，RARP 用于将物理地址解析为 IP 地址，如图 8-1 所示。在 TCP/IP 网络环境下，每台主机都分配了一个 32 位的 IP 地址，IP 地址是在网际范围标识主机的一种逻辑地址。但在传输数据时，无论上层使用何种协议，在数据链路层必须使用物理地址进行寻址。例如，在以太网中采用 MAC 地址寻址，即通过目的 MAC 地址寻找数据接收方进行数据传输。这样就必须把目的主机的 32 位 IP 地址转换成为 48 位 MAC 的地址，提供该功能的协议就是 ARP。 图 8-1　ARP/RARP 功能 （3）主机 ARP 缓存 当主机 A 第一次访问主机 B 时，首先需要通过 ARP 将主机 B 的 IP 地址解析为相应 MAC 地址，然后封装并发送数据链路层帧（帧的目的 MAC 地址为主机 B 的 MAC 地址）。同时主机 A 会把解析的结果放在本机的缓存中，这样主机 A 再次访问主机 B 时就不需要通过 ARP 再次解析了。可以通过 arp 命令查看并编辑本机 ARP 缓存内容，但主机重启后缓存会被清空
实训内容	1）局域网内的数据传输及 ARP 解析过程。 2）手工绑定网关的 MAC 地址。 3）检查交换机 MAC 地址表
实训拓扑	本实训拓扑如图 8-2 所示。

实训拓扑	 图 8-2 实训拓扑
实训步骤	1）学生两人一组，在主机 A 和主机 B 上通过 ipconfig/all 命令查看各自的网卡物理地址（MAC 地址），如图 8-3 所示。 图 8-3 通过 ipconfig/all 命令查看网卡物理地址 填写结果： 	主机	IP 地址	MAC 地址	网关 IP 地址
---	---	---	---
A			
B			| 2）通过 arp /?查看 arp 命令的语法和语义。 3）在主机 A 上使用 arp –a 命令查看本机的 ARP 缓存表。如果主机 A 没有访问过任何主机及 Internet，此时主机 A 的 ARP 缓存表可能为空。 填写结果： | IP 地址	MAC 地址	类　　型
---	---	---
			  4）通过主机 A 访问主机 B（例如获取 B 的共享文件）和 Internet，再次使用

（续）

（续）

实训步骤	arp –a 命令查看主机 A 的 ARP 缓存表。 填写结果： | IP 地址	MAC 地址	类　型
---	---	---
			  5）在主机 A 上使用 arp –d 命令清空 ARP 缓存表。再使用 arp –a 命令查看。 6）使用 arp –s 命令可以手工绑定局域网中其余主机的 IP 地址和 MAC 地址映射，防止 ARP 病毒等攻击行为，该命令语法如下：ARP -s inet_addr eth_addr，例如： 　　　arp -s 157.55.85.212　00-aa-00-62-c6-09。 根据 1）~4）的结果，如果要在主机 A 上使用 arp –s 手工绑定网关的 IP 地址和 MAC 地址映射，则命令如下：_____ _____。 绑定后能否正常访问 Internet？ 　□能　　　　　　　□否 如果在主机 A 上绑定网关 IP 和主机 B 的 MAC 地址，绑定后能否正常访问 Internet？ 　□能　　　　　　　□否 原因：_____。
实训总结	

考核评价		分值	得分	评语
	自我评价	共 30 分	分	
	组内互评	共 30 分	分	
	教师评价	共 40 分	分	

实训 9　路由器的基本配置

班级_____ 学号_____ 姓名_____ 小组编号_____ 成绩_____

设备及工具	路由器、配置线
实训目标	1）熟悉路由器的配置模式。 2）掌握对路由器的简单配置
知识链接	路由器一般需要经过配置才可以使用，可配置的内容包括用户名及口令、端口 IP 地址等参数、路由表、网络地址转换（NAT）、DHCP 等。 　　功能较简单的路由器一般提供了配置界面，而功能较复杂的路由器一般采用命令行的方式进行配置。采用命令行进行配置时有多种配置模式，不同的配置内容需要进入不同的配置模式才能操作，具体配置模式及其使用方法和交换机类似，可参考实训 5。 　　注意：在使用命令行进行配置时，不可能完全记住所有的命令格式和参数，路由器提供了强有力的帮助功能，在任何模式下均可以使用"?"查询当前可以使用的命令或参数。例如，在全局配置模式下可以输入"?"或"show ?"
实训内容	1）配置模式之间的切换。 2）路由器名称、端口的基本配置。 3）查看路由器的相关信息。 4）保存配置
实训拓扑	实训拓扑如图 9-1 所示，路由器初始命名为 Router A，一台主机使用配置线通过串口（COM 口）连接到路由器的控制口（Console 口）用于对路由器进行配置，同时使用双绞线通过网卡（NIC）连接到路由器的端口 F0/1 进行测试。假设 PC 的 IP 地址和子网掩码分别为 172.16.2.2 和 255.255.0.0，配置路由器的 F0 端口的 IP 地址和子网掩码分别为 172.16.1.1 和 255.255.0.0。 图 9-1　实训拓扑
实训步骤	1）配置模式之间的切换（注意："!"后为注释而不是命令）。 　　Red-Giant>_____　　　　　　　　　! 进入特权模式 　　Red-Giant# 　　Red-Giant# _____　　　　　　　　! 进入全局配置模式 　　Red-Giant（config）#interface　fastethernet 0　! 进入路由器 F0/1 的端口模式 　　Red-Giant（config-if） 　　Red-Giant（config-if）#_____　　　　! 退回到上一级操作模式 　　Red-Giant（config）# 　　Red-Giant（config-if）# _____　　　　! 直接返回到特权模式 　　Red-Giant#_____　　　　　　　　　! 退回用户模式 　　Red-Giant>

（续）

实训步骤	2）路由器设备名称、端口的配置。
	
	  Red-Giant（config）# hostname RouterA ！设置路由器的名称为 RouterA
	  RouterA（config）# interface fastethernet 0 ！进入端口配置模式
	  RouterA（config）# ip address 172.16.1.1 255.255.255.0 ！配置路由器端口的 IP 地
	                             址参数
	  RouterA（config-if）#speed 100 ！配置路由器端口的速率
	  RouterA（config-if）#no shutdown ！打开端口
	
	3）查看路由器各项配置，并记录实训结果。
	
	  RouterA #show version ！查看路由器的版本信息
	  RouterA #show ip route ！查看路由器路由表信息
	  RouterA #show running-config ！查看路由器当前生效的配置信息
	
	4）保存路由器上配置。
	  在特权用户模式下，输入 copy running-config startup-config 命令，或输入 write memory 命令保存当前配置。验证使用 show startup-config 命令。

实训总结	

考核评价		分值	得分	评语
	自我评价	共 30 分	分	
	组内互评	共 30 分	分	
	教师评价	共 40 分	分	

实训 10　主机静态路由配置

班级_____　学号_____　姓名_____　小组编号_____　成绩_____

设备及工具	联网的 Windows 操作系统主机
实训目标	1）掌握在主机上配置静态路由的方法。 2）理解静态路由的作用
知识链接	在配置主机的 IP 地址时，需要配置网关。网关也称为网络的出口，网关的使用实际上是通过一条默认路由来（一种特殊的静态路由）实现的，主机会根据默认路由将数据发送给网关进行处理。 　　利用 route print 命令可以查看主机的路由信息，利用 route add 命令可以添加静态路由，利用 route delete 命令可以删除静态路由
实训内容	1）查看路由。 2）删除默认路由。 3）添加静态路由。 4）添加默认路由
实训步骤	1）打开网站 www.baidu.com，确保本机能够联网，并使用 ping 命令或 nslookup 命令记录 www.baidu.com 的网址为_____。 　　2）在命令提示符中输入"route print"命令，可以看到主机上的相关路由信息，如图 10-1 所示。其中目标网络为 0.0.0.0 的路由条目就是默认路由，它的含义是当数据包无法匹配其他的路由条目时，就按照这条路由信息将数据包发送给地址为_____（根据实际操作结果填写）的网关设备进行处理，与该网关直接相连的本机接口地址为_____ _____（根据实际操作结果填写）。 ```
C:\Users\HUAWEI>route print
接口列表
  5...34 c9 3d ac e4 bf ......Microsoft Wi-Fi Direct Virtual Adapter
 16...36 c9 3d ac e4 be ......Microsoft Wi-Fi Direct Virtual Adapter #2
  3...34 c9 3d ac e4 be ......Intel(R) Wi-Fi 6 AX200 160MHz
 18...34 c9 3d ac e4 c2 ......Bluetooth Device (Personal Area Network)
  1...........................Software Loopback Interface 1
===

IPv4 路由表
===
活动路由:
网络目标   网络掩码   网关   接口   跃点数
    0.0.0.0   0.0.0.0   192.168.0.1   192.168.0.107   40
  127.0.0.0   255.0.0.0   在链路上   127.0.0.1   331
  127.0.0.1 255.255.255.255   在链路上   127.0.0.1   331
127.255.255.255 255.255.255.255   在链路上   127.0.0.1   331
  192.168.0.0   255.255.255.0   在链路上   192.168.0.107   296
192.168.0.107 255.255.255.255   在链路上   192.168.0.107   296
192.168.0.255 255.255.255.255   在链路上   192.168.0.107   296
    224.0.0.0   240.0.0.0   在链路上   127.0.0.1   331
    224.0.0.0   240.0.0.0   在链路上   192.168.0.107   296
255.255.255.255 255.255.255.255   在链路上   127.0.0.1   331
255.255.255.255 255.255.255.255   在链路上   192.168.0.107   296
```
<br>图 10-1　route print 命令的运行结果<br><br>　　3）使用 route delete 命令将路由表中的默认路由删除，如图 10-2 所示。 |
```

	(续)
| 实训步骤 | ```
C:\>route DELETE 0.0.0.0
操作完成！
```<br>图 10-2　删除默认路由<br><br>输入"route print"命令，可以看到 IPv4 路由表中已经没有默认路由（0.0.0.0）的信息，如图 10-3 所示。<br><br>```
C:\>route print
接口列表
  5...34 c9 3d ac e4 bf ......Microsoft Wi-Fi Direct Virtual Adapter
 16...36 c9 3d ac e4 be ......Microsoft Wi-Fi Direct Virtual Adapter #2
  3...34 c9 3d ac e4 be ......Intel(R) Wi-Fi 6 AX200 160MHz
 18...34 c9 3d ac e4 c2 ......Bluetooth Device (Personal Area Network)
  1...........................Software Loopback Interface 1

IPv4 路由表
活动路由:
网络目标          网络掩码           网关           接口          跃点数
      127.0.0.0        255.0.0.0         在链路上       127.0.0.1      331
      127.0.0.1   255.255.255.255         在链路上       127.0.0.1      331
  127.255.255.255 255.255.255.255         在链路上       127.0.0.1      331
       192.168.0.0    255.255.255.0         在链路上     192.168.0.107    301
     192.168.0.107 255.255.255.255         在链路上     192.168.0.107    301
     192.168.0.255 255.255.255.255         在链路上     192.168.0.107    301
         224.0.0.0        240.0.0.0         在链路上       127.0.0.1      331
         224.0.0.0        240.0.0.0         在链路上     192.168.0.107    301
   255.255.255.255 255.255.255.255         在链路上       127.0.0.1      331
   255.255.255.255 255.255.255.255         在链路上     192.168.0.107    301
```<br>图 10-3　删除默认路由后 route print 命令的运行结果<br><br>此时刷新网页，检查网页能否打开：□是　　　　□否<br>4）使用 route add 命令添加一条静态路由，例如，www.baidu.com 对应的 IP 地址为 112.80.4.34，则使用命令"route add 112.80.0.0 mask 255.255.0.0 192.168.0.1"，如图 10-4 所示。其中 255.255.0.0 为该 IP 地址的默认子网掩码，192.168.0.1 为网关地址。该命令表示将目的网络为 112.80.0.0/16 的数据包发送给地址为 192.168.0.1 的设备进行转发。<br><br>```
C:\>route add 112.80.0.0 mask 255.255.0.0 192.168.0.1
操作完成！
```<br>图 10-4　删除默认路由后"route add"命令运行结果<br><br>参照以上命令格式，写出访问 www.baidu.com 所在网络的 route add 命令为 _____，操作完成后重新刷新 www.baidu.com 检查网页能否打开：□是　　　　□否。<br>再检查其他网页能否打开：□是　　　　□否。<br>5）使用 route add 命令继续添加一条默认路由：_____，这样主机就可以与外界进行正常通信了。 |
| 实训总结 | |

考核评价		分值	得分	评语
	自我评价	共 30 分	分	
	组内互评	共 30 分	分	
	教师评价	共 40 分	分	
```

实训 11　传输层协议分析

班级_____　学号_____　姓名_____　小组编号_____　成绩_____

设备及工具	Wireshark 软件
实训目标	1）理解 TCP 数据段格式。 2）掌握通过协议分析软件抓取 TCP 数据段并进行分析的办法
知识链接	1）传输层：负责端到端的传输，只在数据传输的发送端和接收端工作。传输层使用的协议主要有 TCP 和 UDP。TCP 是面向连接的、可靠的传输层协议，UDP 是非连接的、不可靠的传输层协议。 2）端口：端口是传输层与应用层的服务接口。使用传输层的每个终端有多个端口，用于区分同时进行的多项传输任务。例如，一台服务器既作为 Web 服务器又作为数据库服务器，客户端连接时应选择访问 Web 服务还是数据库服务，由于两个服务在一个 IP 上，只用 IP 无法进行区分，此时可以用不同的端口号区分。端口号范围为 0~65 535。 3）TCP 协议分组被称为"段"，其格式如图 11-1 所示。 图 11-1　TCP 报文（段）的格式 4）TCP 建立连接过程（俗称三次握手）如图 11-2 所示。 第 1 次握手（客户端请求连接）：客户端向服务器端发出连接请求段，其头部中的控制位 SYN（同步）置为 1，控制位 ACK（确认）置为 0，同时将 Sequence Number（序列号）置为 x，表明在后续传送的数据第 1 个数据字节的序号是 x。 第 2 次握手（服务器端确认连接）：服务器端收到连接请求段后，如同意，则发回确认，将控制位 SYN（同步）和 ACK（确认）都置为 1，将 Sequence Number（序列号）置为 $x+1$，同时也为自己选择一个 Acknowledge Number（确认序号），置为 y。 图 11-2　TCP 建立连接的三次握手过程

（续）

知识链接	第 3 次握手（客户端确认连接）：客户端收到此段后，还要向服务器端给出确认，其头部中的控制位 SYN（同步）置为 0，控制位 ACK（确认）置为 1，Sequence Number（序列号）置为 $x+1$，Acknowledge Number（确认序号）置为 y。
实训内容	1）使用 Wireshark 软件抓取指定 TCP 数据段。 2）对抓取的数据段按协议格式进行字段含义分析
实训步骤	1）打开 Wireshark 软件，关闭已有的联网程序（防止抓取过多的包），开始抓包。 2）打开浏览器，输入http://www.baidu.com（或其他网址），网页打开后停止抓包。 3）如果抓到的数据包比较多，可以在 Wireshark 过滤器中输入 TCP 进行过滤，在过滤的结果中找到如下 3 行，如图 11-3 所示。 ``` 5 1.680465 192.168.102.31 210.29.224.22 TCP ibm-abtact > http [SYN] Seq=0 Win=65535 Len=0 MSS=14 6 1.722785 210.29.224.22 192.168.102.31 TCP http > ibm-abtact [SYN, ACK] Seq=0 Ack=1 Win=5840 Le 7 1.722835 192.168.102.31 210.29.224.22 TCP ibm-abtact > http [ACK] Seq=1 Ack=1 Win=65535 Len=0 ``` 图 11-3　抓包并过滤后得到三次握手的 TCP 段 这 3 个特殊的 TCP 段即为三次握手的过程，分析这 3 个段并回答。 ① 第一个 TCP 段的目的端口为_____，封装它的 IP 数据包的目的 IP 地址为_____。为什么？_____。 ② 第一个 TCP 数据包的 SYN 值为_____，ACK 值为_____，SEQ 值为_____。 ③ 第二个 TCP 数据包的 SYN 值为_____，ACK 值为_____，SEQ 值为_____。 ④ 第三个 TCP 数据包的 SYN 值为_____，ACK 值为_____，SEQ 值为_____。 ⑤ 这三个数据段中有应用层协议（本例中为 HTTP）传来的数据吗？为什么？
任务拓展	在数据经过的路由器上有 TCP 段吗？为什么？
实训总结	

考核评价		分值	得分	评语
	自我评价	共 30 分	分	
	组内互评	共 30 分	分	
	教师评价	共 40 分	分	

实训 12　NAT 技术

班级_____ 学号_____ 姓名_____ 小组编号_____ 成绩_____

设备及工具	路由器、主机
实训目标	1）掌握路由器的 NAT 配置。 2）理解 NAT 的作用
知识链接	NAT 是指将用户端的某个 IP 地址（又称本地地址）或其端口转换为另一个 IP 地址（又称全局地址）或其端口的技术。NAT 有 3 种类型：静态 NAT、动态 NAT 和端口 NAT。目前使用较多的是端口 NAT
实训内容	1）按实验拓扑组网。 2）配置并测试端口 NAT
实训拓扑	实训拓扑如图 12-1 所示，配置 PC1 的 IP 地址为 192.168.1.*（*范围为 2~254），网关为 192.168.1.1。配置路由器的 LAN 口地址为 192.168.1.1，WAN 口地址根据实验条件由教师配置，使路由器和 PC1 能够接入 Internet，如图 12-2 所示。 图 12-1　实训拓扑 图 12-2　路由器 WAN 口和 LAN 口配置示例

（续）

实训步骤	1）在 PC1 上使用 IIS 建立测试 HTTP 站点（参考实训 13），由于 PC1 的 IP 地址 192.168.1.*为私有 IP 地址，因此测试站点只能在局域网中访问，而不能在 Internet 上访问，如图 12-3 所示。 图 12-3 在局域网中访问 PC1 上的测试站点 例如，PC1 的 IP 地址为 192.168.1.102，路由器 WAN 口的 IP 地址为 100.113.184.45，在局域网中使用 http://192.168.1.102 可以打开该测试站点，但在广域网上使用 http://192.168.1.102 或者 http://100.113.184.45 都无法打开该站点，如图 12-4 所示（如果实验环境中没有广域网中的主机，也可以用手机进行联网测试）。 图 12-4 广域网无法访问 PC1 上的测试站点 2）配置 NAT，首先在路由器 NAT 配置页面选择"转发规则"→"虚拟服务器"选项，打开"虚拟服务器"配置对话框，这里的虚拟服务器就是端口 NAT，如图 12-5 所示，此时虚拟服务器列表为空。 图 12-5 路由器 NAT 配置页面 单击"添加新条目"按钮，将 PC1 的 IP 地址的 80 端口映射到路由器 WAN 口 IP 地址的 80 端口，如图 12-6 所示。 单击"保存"按钮，保存以上新建的 NAT 映射，如图 12-7 所示。 NAT 配置完成后，在广域网上通过路由器的 WAN 口地址的 80 端口即可访问 PC1 的 80 端口，如图 12-8 所示。 如果局域网内有多台主机，可以建立多条端口 NAT。需要注意的是：每条 NAT 中的内网端口和外网端口可以不一样，如图 12-9 所示。

（续）

实训步骤	 图 12-6　添加 NAT 映射 图 12-7　保存后的 NAT 表 图 12-8　测试 NAT 图 12-9　建立多条端口 NAT 映射
实训总结	

考核评价		分值	得分	评语
	自我评价	共 30 分	分	
	组内互评	共 30 分	分	
	教师评价	共 40 分	分	

实训 13　WWW 服务

班级_____　学号_____　姓名_____　小组编号_____　成绩_____

设备及工具	Windows 操作系统主机
实训目标	1）学会用 Windows 中的 IIS 服务建立 Web 服务器。 2）掌握 WWW 服务器主要参数的设置及作用。 3）掌握 WWW 服务器的配置和管理
知识链接	WWW 服务又称为 Web 服务，使用 HTTP 进行网络上的文字、图像、声音等的传输，表现形式主要为网页。Web 服务的服务器端软件主要有 IIS、Tomcat、Apache 等，客户端软件一般为浏览器。 　　IIS（Internet Information Services，互联网信息服务）：是由 Microsoft 公司提供的 Web 服务器，它使得在网络（包括互联网和局域网）上发布信息成了一件很容易的事。 　　URL（统一资源定位符）是 Internet 资源的定位标识方法。一般的语法形式为：服务协议类型://主机 IP 或域名:<端口>/<路径名或文件名>。如访问 Web 站点使用 http://www.163.com（相当于 http://www.163.com:80，因为使用应用层协议的默认端口时，可以在 URL 中省略端口号），访问 FTP 站点使用 ftp://210.29.224.87:21/aa.txt。 　　HTTP（超文本传送协议）：客户端（浏览器）和 Web 服务器之间的交互遵循 HTTP，Web 服务器负责监听 TCP 80 端口，客户端通过浏览器向服务器发出请求，Web 服务器监听到客户端发出的请求后建立 TCP 连接，并返回客户端所请求的页面作为响应
实训内容	1）安装 IIS Web 服务器。 2）通过 Web 服务器发布网页，打开浏览器使用 HTTP 访问发布的网页。 3）修改 Web 服务器的端口后发布网页。 4）修改 Web 服务器的物理路径后发布网页
实训步骤	1）在 Windows Server 2016 服务器上安装 IIS。首先打开"服务器管理器"，选择"添加角色和功能"选项，如图 13-1 所示。 图 13-1　添加角色和功能

(续)

| 实训步骤 | 在"添加角色和功能向导"对话框中选中"Web 服务器（IIS）"复选框，如图 13-2 所示。

图 13-2　添加"Web 服务器（IIS）"角色

在弹出的对话框中单击"添加功能"按钮，如图 13-3 所示。

图 13-3　添加的"Web 服务器（IIS）"角色

在"选择功能"界面中选中需要添加到 Web 服务器的功能，这里有多个可选的功能，具体添加哪些功能取决于 Web 服务器中需要部署的内容。例如部署 .NET 开发的 Web 网站需要选中".NET FrameWork"功能，如图 13-4 所示。单击"下一步"按钮，再单击"安装"按钮，即可完成"Web 服务器（IIS）"角色及其功能的安装。

2）安装完成后，在"服务器管理器"窗口的左侧即可看到"IIS"，选中"IIS"及相应的服务器名称，右击并在快捷菜单中选择"Internet Information Services（IIS）管理器"选项，即可对 IIS 进行配置，如图 13-5 所示。

在 IIS 管理器左侧选中"Default Web Site"（即默认网站），如图 13-6 所示，可以对该网站进行配置和操作。 |

（续）

| 实训步骤 |

图 13-4　添加功能

图 13-5　打开 IIS 管理器

图 13-6　IIS 管理器

在 IIS 管理器右侧选中"浏览网站"，可以通过浏览器浏览默认网站，如图 13-7 所示。 |

(续)

实训步骤	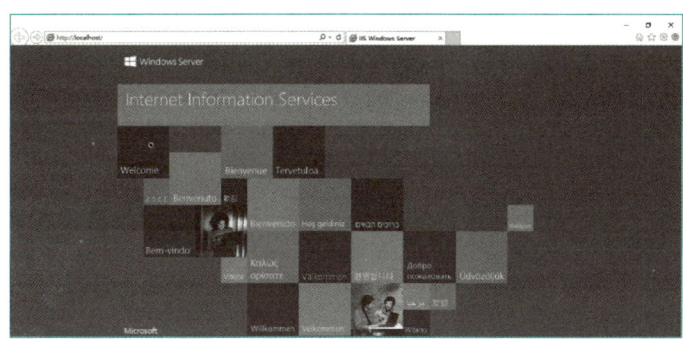

图 13-7　Default Web Site 首页

在浏览器中输入"http://本机 IP 地址（或 127.0.0.1）"，是否出现发布的网页？
□是　　　　　　　　　□否
端口号 80 为什么可以省略？_____
查看邻居的 IP 地址，在浏览器中输入"http://邻居的 IP 地址"，是否出现发布的网页？
□是　　　　　　　　　□否
3）在 IIS 管理器右侧选中"绑定"，打开"网站绑定"对话框，可以看到当前绑定网站的类型和端口，如图 13-8 所示。

图 13-8　"网站绑定"对话框

单击"编辑"按钮，打开"编辑网站绑定"对话框，将默认端口号 80 修改为 8000，如图 13-9 所示。

图 13-9　修改端口号

修改后，访问默认网站的正确 URL 为_____。 |

（续）

实训步骤	4）在 IIS 管理器右侧选中"基本设置"，打开"编辑网站"对话框，可以看到当前网站页面的物理路径，如图 13-10 所示，默认为 SystemDrive（系统盘，一般为 C 盘）根目录下的"inetpub\wwwroot"文件夹。 图 13-10　查看当前网站页面的物理路径 在上述对话框中将物理路径修改为"D:\mysite"，如图 13-11 所示。 修改后单击 IIS 管理器右侧的"浏览网站"，是否出现发布的网页？ □是　　　　　　　　□否 将"C:\inetpub\wwwroot"目录下的文件复制到"D:\mysite"目录下，再单击 IIS 管理器右侧的"浏览网站"，是否出现发布的网页？ □是　　　　　　　　□否 图 13-11　修改网站物理路径
实训总结	

考核评价		分值	得分	评语
	自我评价	共 30 分	分	
	组内互评	共 30 分	分	
	教师评价	共 40 分	分	

实训 14 FTP 服务

班级_____ 学号_____ 姓名_____ 小组编号_____ 成绩_____

设备及工具	Windows 操作系统主机
实训目标	1）学会使用 IIS 配置 FTP 服务器。 2）掌握 FTP 服务器主要参数的设置及作用。 3）掌握 FTP 服务器的配置和管理
知识链接	FTP 是一种应用层协议，用于在 Internet 上进行文件的双向传输。请求上传或下载的一端称为客户端（FTP Client），响应上传或下载的一端称为服务器端（FTP Server），FTP Server 默认运行在服务器操作系统的 21 端口。FTP Server 和 FTP Client 在传输层使用 TCP 进行数据传输。 　　常用的 FTP Server 软件包括 IIS、Serv-U 等，可以控制文件上传和下载的权限、速度、时间、客户端数量等。 　　常用的 FTP Client 软件包括 CuteFTP、LeapFTP 等，文件管理器和大多数浏览器也可以直接作为 FTP Client
实训内容	1）安装 FTP Server。 2）建立 FTP Server 站点。 3）使用客户端从 FTP Server 上传或下载文件
实训步骤	1）在 Windows Server 2016 服务器上安装 IIS（参见实训 13），或在"服务器管理器"中选中已安装好的 IIS，添加"FTP 服务器"，如图 14-1 所示。 图 14-1 在 IIS 中添加"FTP 服务器"角色服务 2）打开"Internet Information Services（IIS）管理器"窗口，选中 IIS 服务器名称并右击，在弹出的快捷菜单中选择"添加 FTP 站点"选项，如图 14-2 所示。

（续）

实训步骤

图 14-2　选择"添加 FTP 站点"选项

在弹出的对话框中输入站点名称及存放文件的物理路径，如图 14-3 所示。

图 14-3　FTP 站点信息

单击"下一步"按钮，在弹出的对话框中绑定 FTP 站点的 IP 地址，如图 14-4 所示。各选项的解释如下。
- IP 地址：默认选择"全部未分配"，如果服务器配置了多个 IP 地址，但只希望通过某一个 IP 地址访问该 FTP，则可以通过下拉列表框选择该 IP 地址。
- 端口：默认为 21，可修改为其他未使用的 TCP 端口。
- SSL：默认选择"无 SSL"，即传输文件时不进行加密，如要加密传输，可选择"需要 SSL"并选择 SSL 证书文件。

图 14-4　绑定和 SSL 设置 |

（续）

| 实训步骤 | 单击"下一步"按钮，在弹出的对话框中配置身份认证和授权信息，如图 14-5 所示。各选项的解释如下。
● 身份验证：如选择"匿名"，则客户端访问时不需要输入用户名和密码；如选择"基本"，则客户端访问时需要输入服务器端的用户名和密码。
● 授权：如果在"身份验证"中选择了"基本"，则须选择允许访问该 FTP 服务器的用户，可选择"所有用户"或输入指定的用户名。
● 权限：即客户端对服务器端文件是否具有"读取"或"写入"权限。

图 14-5　身份认证和授权信息
单击"完成"按钮，在 IIS 管理器的左侧选择"网站"，能够看到 FTP 站点名称（见图 14-6），说明新建 FTP 站点成功。单击该站点，可进行修改或进一步的配置。

图 14-6　FTP 站点名称
3）测试文件上传/下载。首先需要在服务器端 FTP 站点的物理路径中存放一些文件，然后打开客户端主机的资源管理器（或者浏览器），输入"ftp://服务器端 IP 地址"，在弹出的"登录身份"对话框中输入服务器端用户名和密码，如图 14-7 所示。如果服务器端允许匿名登录，可在对话框中选择"匿名登录"。登录成功后即可看到 FTP 服务器中的文件，如图 14-8 所示。如果用户有相应的权限，可以从服务器端下载文件或向服务器端上传文件。|

（续）

实训步骤	 图 14-7　客户端使用资源管理器登录 FTP 站点 图 14-8　查看 FTP 站点中的文件	
任务拓展	如果将 FTP 服务器端的端口号由 21 改为 2121，则客户端访问服务器端的地址为＿＿＿＿＿＿＿＿＿＿＿＿＿。	
实训总结		

考核评价		分值	得分	评语
	自我评价	共 30 分	分	
	组内互评	共 30 分	分	
	教师评价	共 40 分	分	

实训 15　Telnet 服务

班级＿＿＿＿＿＿　学号＿＿＿＿＿＿　姓名＿＿＿＿＿＿　小组编号＿＿＿＿　成绩＿＿＿＿

设备及工具	Windows 操作系统主机
实训目标	1）理解 Telnet 的功能及原理。 2）掌握 telnet 命令
知识链接	Telnet 是远程登录协议，通过该协议可以在自己的计算机前通过 Internet 登录到另一台远程计算机上。 　　Telnet 协议程序分为服务器端和客户端。Telnet 服务器端程序运行在要登录的远程计算机上，默认使用 TCP 23 端口进行监听；Telnet 客户端程序运行在本地计算机上。 　　使用 Telnet 协议进行远程登录时需要满足以下条件：本地计算机上必须装有包含 Telnet 协议的客户端程序；必须知道远程主机的 IP 地址或域名；必须知道登录账号与口令。 　　Telnet 远程登录的过程如下。 　　1）本地主机与远程主机建立 TCP 连接，用户必须知道远程主机的 IP 地址或域名。 　　2）将本地终端上输入的用户名和口令及以后输入的命令或字符传送到远程主机，该过程实际上是从本地主机向远程主机发送 IP 数据包。 　　3）将远程主机输出数据送回本地终端，包括输入命令回显和命令执行结果。 　　4）本地终端结束当前的 TCP 连接
实训内容	1）安装并配置 Telnet 服务器。 2）使用 Telnet 客户端远程登录服务器，并进行操作
实训步骤	1）在 Windows Server 2012 服务器上安装 Telnet 服务器。首先打开"服务器管理器"，选择"添加角色和功能"，在弹出的"添加角色和功能向导"对话框中，在左侧选中"功能"，在右侧选中"Telnet 服务器"进行安装，如图 15-1 所示。 图 15-1　安装 Telnet 服务器

（续）

实训步骤	安装完成后 Telnet 服务并没有启动，打开"控制面板"中的"服务"，如图 15-2 所示，可以看到 Telnet 服务处于"禁用"状态。

图 15-2　Telnet 服务

右击 Telnet 服务并在快捷菜单中选择"属性"选项，打开 Telnet 服务的属性页，将其启动状态改为"自动"或"手动"，如图 15-3 所示（说明："自动"选项表示 Windows 启动时会自动启动该服务，"手动"选项表示可以在 Windows 启动后手动启动该服务）。

图 15-3　修改 Telnet 服务的启动类型

修改了 Telnet 服务的启动类型并不代表 Telnet 服务已启动，还需要选中该服务并右击，在快捷菜单中选择"启动"选项，如图 15-4 所示。当 Telnet 服务的状态显示为"正在运行"时，说明服务启动成功，如图 15-5 所示。

2）打开本地主机（即客户端）的命令提示符窗口，输入命令"telnet 服务器端 IP 端口号"即可连接到服务器端，如图 15-6 所示。如果服务器端 |

（续）

| 实训步骤 | 使用的是 Telnet 默认端口 23，则命令中可省略端口号选项，即"telnet 服务器端 IP"。

图 15-4　启动 Telnet 服务

图 15-5　Telnet 服务启动成功
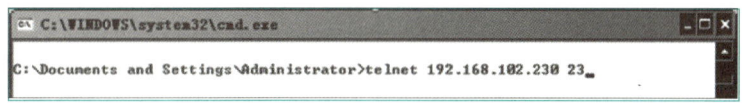
图 15-6　telnet 命令
按〈Enter〉键后要求输入账号和密码，该账号和密码为服务器端操作系统的账号和密码，正确输入即可登录，如图 15-7 所示。注意：为提高安全性，在 Telnet 命令窗口中输入密码时不会回显。
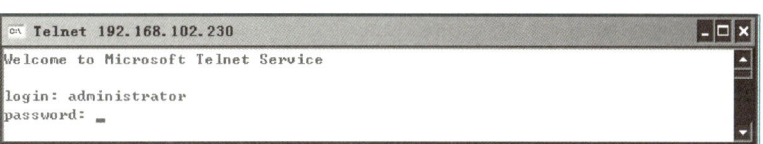
图 15-7　输入账号和密码
如果该账号在服务器端没有密码，则不允许客户端远程登录，如图 15-8 所示，此时需要在服务器端创建该账号的密码。

图 15-8　登录失败
3）登录后可以在客户端对服务器进行操作，如图 15-9 所示。|

（续）

实训步骤	
	图 15-9 远程操作
实训总结	

考核评价		分值	得分	评语
	自我评价	共 30 分	分	
	组内互评	共 30 分	分	
	教师评价	共 40 分	分	

实训 16 DHCP 服务

班级_____ 学号_____ 姓名_____ 小组编号_____ 成绩_____

设备及工具	Windows 操作系统主机
实训目标	1）理解 DHCP 的功能及原理。 2）掌握 DHCP 服务器端和客户端配置
知识链接	DHCP 服务用于集中管理和分配一个网络中的 IP 地址。 　　DHCP 服务分为服务器端和客户端，在服务器端须建立一个或多个 IP 地址池，在地址池中指定 IP 地址范围、子网掩码、网关地址、DNS 服务器地址等信息。当 DHCP 客户端第一次启动时，它会自动与 DHCP 服务器通信，并由 DHCP 服务器分配给 DHCP 客户端一个 IP 地址以及相应的子网掩码、网关地址、DNS 等信息，直到租约到期（并非关机），这个地址就会由 DHCP 服务器收回，并将其提供给其他的 DHCP 客户端使用
实训内容	1）配置 DHCP 服务器端。 2）配置 DHCP 客户端并从服务器端动态获取 IP 地址等
实训步骤	1）选择一台计算机作为服务器端，安装 Windows Server 2016 操作系统，在桌面的左上角找到"服务器管理器"，单击"服务器管理器"→"工具"→"DHCP"，打开如图 16-1 所示的窗口，可以看到本机已默认作为 DHCP 服务器，其配置主要包括"IPv4"和"IPv6"两部分，分别用于配置 IPv4 类型地址的 DHCP 服务和 IPv6 类型地址的 DHCP 服务。下面以 IPv4 类型地址的 DHCP 配置为例进行讲解，IPv6 类型地址的 DHCP 配置类似。 图 16-1 DHCP 服务管理器 2）选中 DHCP 服务器，右击"IPv4"选项，在弹出的快捷菜单中选择"新建作用域"选项，打开新建作用域向导，如图 16-2 所示。单击"下一步"按钮，输入新建作用域的名称，如图 16-3 所示。 3）单击"下一步"按钮，定义 "IP 地址范围"（即地址池），包括起始 IP 地址、结束 IP 地址、长度和子网掩码，如图 16-4 所示。DHCP 客户端可从服务器获取该 IP 地址范围内的地址及相应的子网掩码。

(续)

实训步骤	\n图 16-2　打开新建作用域向导\n\n\n图 16-3　输入新建作用域名称\n\n\n图 16-4　输入 IP 地址范围和子网掩码

实训 16　DHCP 服务

（续）

实训步骤	4）单击"下一步"按钮，输入排除的地址范围，如图 16-5 所示。通过"排除的地址范围"可建立不连续的 IP 地址池。例如，在局域网中有一台 Web 服务器需要分配固定的 IP 地址，则需要将分配给这台 Web 服务器的 IP 地址排除出地址池，否则该地址有可能被分配给另一个 DHCP 客户端，从而导致局域网内的 IP 地址冲突。 图 16-5　输入排除的地址范围 5）单击"下一步"按钮，输入租用期限，如图 16-6 所示。租用期限指明了客户端对一个 IP 地址的占用时间。租用期限到期后，IP 地址会被服务器回收，客户端使用时需要重新申请。对于 IP 资源较宽裕的网络，可以将租用期限设置得长一点；对于 IP 资源较紧张的网络，可以将租用期限设置得短一点。 图 16-6　输入租用期限 6）单击"下一步"按钮，在"配置 DHCP 选项"界面中选择"是，我想现在配置这些选项"，如图 16-7 所示。DHCP 选项是和 IP 地址一起分配给客户端的一些网络配置参数，包括网关地址、DNS 地址、WINS 服务器地址等。

（续）

实训步骤	
图 16-7 选择现在配置 DHCP 选项

7）单击"下一步"按钮，输入 DHCP 选项中的网关地址（见图 16-8），该地址为该网络连接 Internet 或其他网络的路由器上的网关节点。再单击"下一步"按钮，输入一个或多个 DNS 服务器的地址（见图 16-9），客户端将使用这些 DNS 服务器进行域名解析。其他的 DHCP 选项（包括 WINS 服务器、NetBIOS 配置等）在此不需要使用，可以直接跳过。

图 16-8 输入默认网关的地址

8）单击"下一步"按钮，选择"是，我想现在激活此作用域"，如图 16-10 所示。可以在 DHCP 主窗口中看到刚才新建的作用域，如图 16-11 所示。此时服务器端配置完成。也可以继续新建其他作用域或对已建立的作用域进行更改。 |

（续）

实训步骤

图 16-9 输入 DNS 服务器的地址

图 16-10 选择现在激活作用域

图 16-11 查看已建作用域

9）在服务器所在的网络中选择一台计算机作为 DHCP 客户端，将客户端的 IP 配置方式设为"自动获得 IP 地址"，同时选择"自动获得 DNS 服务器地址"，如图 16-12 所示。

10）在客户端的命令提示符中输入 ipconfig/all 命令，查看客户端从服务器端获取的 IP 地址为_____，子网掩码为_____，网关地址为_____，DNS 地址为_____。

（续）

实训步骤	

图 16-12　DHCP 客户端配置

11）在服务器端的作用域中选中"地址租用"，可以查看 DHCP 服务器已分配给客户端的 IP 地址及租用截止日期等信息，如图 16-13 所示。

图 16-13　查看 DHCP 服务器的地址租用信息

实训总结				
考核评价		分值	得分	评语
	自我评价	共 30 分	分	
	组内互评	共 30 分	分	
	教师评价	共 40 分	分	

实训 17 远 程 桌 面

班级_____ 学号_____ 姓名_____ 小组编号_____ 成绩_____

设备及工具	Windows 操作系统主机
实训目标	1）理解远程桌面的功能。 2）掌握远程桌面的相关配置和使用方法
知识链接	远程桌面可以使用户通过广域网或者局域网控制远程主机，如图 17-1 所示。传统远程接入（Telnet）使用命令行方式，适合系统管理员使用；基于图形界面的远程桌面更适合普通用户使用。除了 Windows 自带的远程桌面工具以外，向日葵、XT800、TeamViewer 等商业软件也能实现类似的功能，并且功能性和兼容性更好，有兴趣的读者可以自己研究。 图 17-1 远程桌面
实训内容	1）配置远程桌面被控端。 2）配置远程桌面控制端。 3）测试远程控制及文件传输
实训步骤	1）配置远程桌面被控端，以 Windows 10 系统为例，右击"此电脑"并选择"属性"选项，打开设置窗口，在左侧选择"远程桌面"，在打开的界面中将"启用远程桌面"开关设置为"开"，如图 17-2 所示。 图 17-2 设置窗口

（续）

实训步骤	单击图 17-2 中的"选择可远程访问这台电脑的用户"，打开如图 17-3 所示的"远程桌面用户"对话框，可以看出 Administrator 已经有远程访问权限，如果还要给本机的其他用户赋予远程访问权限，可以在该对话框单击"添加"按钮进行添加。 图 17-3 "远程桌面用户"对话框 2）使用远程桌面控制端，以 Windows 10 系统为例，单击"开始"按钮，在弹出的菜单中选择"Windows 附件"→"远程桌面连接"，如图 17-4 所示。 图 17-4 选择"远程桌面连接"

(续)

实训步骤	打开"远程桌面连接"对话框,在其中输入被控端的 IP 地址或者域名,如图 17-5 所示。单击"连接"按钮,打开如图 17-6 所示的登录对话框,在其中输入被控端的账号和密码,单击"确定"按钮,即可在控制端打开被控端的远程桌面,如图 17-7 所示。 图 17-5 "远程桌面连接"对话框 图 17-6 远程桌面登录对话框 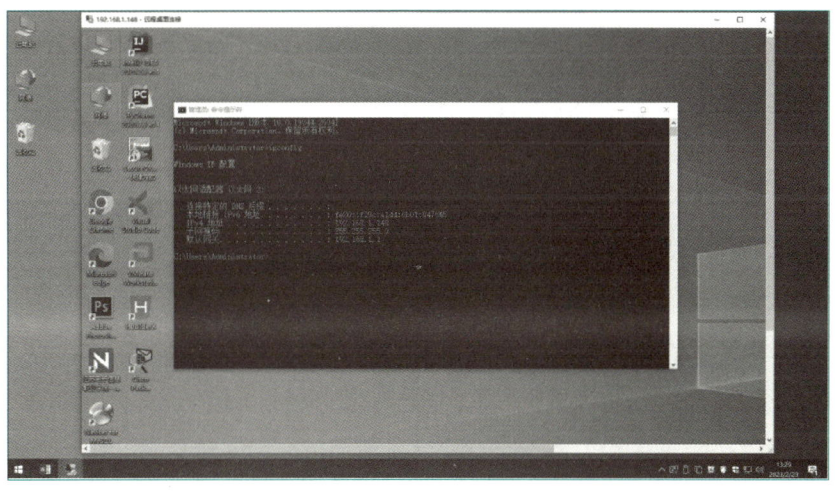 图 17-7 远程桌面 3)如果需要在远程桌面中使用本地磁盘,在控制端如图 17-5 所示的"远程桌面连接"对话框中单击左下角的"显示选项"按钮,打开如图 17-8 所示的对话框,选中"本地资源"选项卡,单击"详细信息"按钮,在打开的对话框中选择要在远程桌面中使用的本地磁盘,如图 17-9 所示。 选择好本地磁盘后,再次连接远程桌面,打开被控端的计算机,可以看到控制端的硬盘分区,如图 17-10 所示,这样就可以很方便地在远程桌面中读写本地文件。

（续）

| 实训步骤 |
图 17-8 "本地资源"选项卡　　　　图 17-9 选择本地磁盘

图 17-10 远程桌面中的本地资源 |
|---|---|
| 实训总结 | |

考核评价		分值	得分	评语
	自我评价	共 30 分	分	
	组内互评	共 30 分	分	
	教师评价	共 40 分	分	

实训 18　常用网络命令

班级_____ 学号_____ 姓名_____ 小组编号_____ 成绩_____

设备及工具	Windows 操作系统主机
实训目标	1）熟悉常用网络测试命令的语法和功能。 2）掌握常用的网络故障分析及排除的方法
知识链接	ICMP 负责提供网络诊断功能，报告由于 IP 数据包投递失败而导致的错误。例如，常见的网络测试命令 ping 和 traceroute 就是基于 ICMP 的。
实训内容	运行常用网络测试命令，学习网络故障排除的方法，对运行结果进行分析，加深对协议的理解。 1）ipconfig 命令。 2）ping 命令。 3）tracert 命令。 4）nslookup 命令。 5）netstat 命令

实训步骤	**1．ipconfig 命令**
	ipconfig 可以显示网络适配器的物理地址、IP 地址、子网掩码以及默认网关，还可以查看主机的相关信息，如主机名、DNS 服务器、DHCP 服务器等。在 CMD 命令行模式下输入"ipconfig/?"可以显示格式和参数说明。
	（1）显示网络配置详细信息
	命令格式：ipconfig/all，可以显示网络适配器完整的 TCP/IP 配置信息，如图 18-1 所示。在本机执行同样的命令，根据实际操作结果记录：网卡 MAC 地址为_____，IP 地址为_____，DNS 服务器地址为_____。
	
	``
	C:\>ipconfig/all
	Windows IP Configuration
	        Host Name . . . . : zhuxun
	        Primary Dns Suffix . . . . :
	        Node Type . . . . : Unknown
	        IP Routing Enabled. . . . . : No
	        WINS Proxy Enabled. . . . . : No
	Ethernet adapter 本地连接 3:
	        Connection-specific DNS Suffix . :
	        Description . . . . : Broadcom NetLink (TM) Fast Ethernet
	        Physical Address. . . . . : 70-5A-B6-4C-9F-B5
	        Dhcp Enabled. . . . . : No
	        IP Address. . . . . : 210.29.228.97
	        Subnet Mask . . . . : 255.255.255.192
	        Default Gateway . . . . : 210.29.228.65
	        DNS Servers . . . . : 210.29.224.21
	``
	图 18-1　ipconfig/all 命令执行结果示例
	
	（2）为网卡动态分配新地址
	命令格式：ipconfig/release。
	说明：去除网卡（适配器 1）的动态 IP 地址。
	命令格式：ipconfig/renew。
	说明：为网卡重新分配动态 IP 地址。

2. ping 命令

利用 ping 命令可以在网络层发送 ICMP 数据包测试网络的连通性。

1）图 18-2 是使用 ping 命令测试的结果示例，在本机执行同样的命令，根据实际操作结果记录：总共发送了_____个数据包，返回了_____个数据包，其中 bytes=32 表示测试中发送的数据包大小是_____字节；time=____ms 表示_____；TTL=_____表示_____。

```
C:\>ping www.baidu.com

Pinging www.a.shifen.com [119.75.218.70] with 32 bytes of data:
Reply from 119.75.218.70: bytes=32 time=26ms TTL=50
Reply from 119.75.218.70: bytes=32 time=26ms TTL=50
Reply from 119.75.218.70: bytes=32 time=26ms TTL=50
Request timed out.

Ping statistics for 119.75.218.70:
    Packets: Sent = 4, Received = 3, Lost = 1 (25% loss),
Approximate round trip times in milli-seconds:
    Minimum = 26ms, Maximum = 26ms, Average = 26ms
```

图 18-2 ping 命令测试的结果示例

2）完整的 ping 命令格式为 "ping [选项] 目的 IP 地址"，具体使用方法可以输入 "ping/?" 进行查看，执行 "ping/?" 并填写表 18-1。

表 18-1 ping 命令选项

选项	选项含义
-t	
-a	
-n Count	
-l Size	
-f	
-i TTL	
-w Timeout	

3. tracert 命令

tracert 可以显示由执行程序的源主机到达目的主机之前历经多少个路由器，确定数据包为到达目的主机所经过的有关路径，并指明耗费的时间。

图 18-3 是使用 tracert 命令测试的结果示例，在本机执行同样的命令，根据实际操作结果记录：tracert 的原理是发送 TTL 字段值为_____的 ICMP 数据包给目的主机。处理数据包的第一个路由器将 TTL 值_____，丢弃该数据包，

```
C:\>tracert www.baidu.com

Tracing route to www.a.shifen.com [119.75.218.70]
over a maximum of 30 hops:

  1    33 ms    30 ms    31 ms  122.94.200.1
  2    31 ms    31 ms    31 ms  222.45.70.137
  3    30 ms    31 ms    46 ms  222.45.238.149
  4    46 ms    31 ms    46 ms  222.45.238.1
  5    62 ms    62 ms    62 ms  61.237.123.165
  6    62 ms    62 ms    62 ms  61.233.9.202
  7    62 ms    62 ms    61 ms  222.35.251.110
  8    62 ms    62 ms    62 ms  222.35.251.202
  9    62 ms    62 ms    62 ms  bogon [192.168.0.5]
 10    62 ms    62 ms    62 ms  bogon [10.65.190.131]
 11    62 ms    62 ms    62 ms  119.75.218.70

Trace complete.
```

图 18-3 tracert 命令测试的结果示例

（续）

并发回一份超时_____报文，这样就得到了该路径中的第一个路由器的地址。然后程序发送一份 TTL 值为_____的数据报，这样就可以得到第二个路由器的地址，重复该过程直至数据报到达目的主机。

4．nslookup 命令

nslookup 用于域名解析，其命令格式：

```
nslookup [-选项]  查询的域名  [DNS 服务器地址]
```

如查询百度的 IP 地址，可直接输入"nslookup www.baidu.com"，如图 18-4 所示。

```
C:\Users\HUAWEI>nslookup www.baidu.com
服务器:  UnKnown
Address:  192.168.0.1

非权威应答:
名称:    www.a.shifen.com
Addresses:  112.80.248.76
          112.80.248.75
Aliases:  www.baidu.com
```

图 18-4 nslookup 命令执行结果示例

在本机执行同样的命令，根据实际操作结果记录：正在工作的域名服务器的 IP 地址为_____，域名 www.baidu.com 解析的 IP 地址为_____和_____。

5．netstat 命令

netstat 命令用于显示网络相关统计信息，如网络连接、路由表、接口状态、TCP 连接等。具体使用方法可以输入"netstat/?"进行查看。

例如，使用 netstat -e 显示以太网统计信息，如图 18-5 所示，包括接收和发送的字节数、单播包数量、非单播包数量、丢弃包数量、错误包数量等。

```
C:\>netstat -e
Interface Statistics

                           Received            Sent

Bytes                    1358503800       543667353
Unicast packets             1594367          1520446
Non-unicast packets           83310            11638
Discards                          0                0
Errors                            0               13
Unknown protocols              3472
```

图 18-5 netstat 命令执行结果示例 1

使用 netstat -ano 显示所有监听和打开的端口以及相应的进程编号，如图 18-6 所示。

```
C:\>netstat -ano
Active Connections

  Proto  Local Address          Foreign Address        State           PID
  TCP    0.0.0.0:21             0.0.0.0:0              LISTENING       532
  TCP    0.0.0.0:135            0.0.0.0:0              LISTENING       1128
  TCP    0.0.0.0:445            0.0.0.0:0              LISTENING       4
  TCP    0.0.0.0:1034           0.0.0.0:0              LISTENING       532
  TCP    0.0.0.0:1433           0.0.0.0:0              LISTENING       2724
  TCP    0.0.0.0:3306           0.0.0.0:0              LISTENING       2892
  TCP    0.0.0.0:3389           0.0.0.0:0              LISTENING       1080
  TCP    0.0.0.0:6000           0.0.0.0:0              LISTENING       2780
  TCP    0.0.0.0:6001           0.0.0.0:0              LISTENING       3224
  TCP    0.0.0.0:7909           0.0.0.0:0              LISTENING       4344
  TCP    0.0.0.0:9000           0.0.0.0:0              LISTENING       2816
  TCP    0.0.0.0:18386          0.0.0.0:0              LISTENING       2552
  TCP    0.0.0.0:19347          0.0.0.0:0              LISTENING       2552
  TCP    127.0.0.1:1025         0.0.0.0:0              LISTENING       900
  TCP    127.0.0.1:1027         0.0.0.0:0              LISTENING       1672
  TCP    127.0.0.1:1040         0.0.0.0:0              LISTENING       3412
  TCP    127.0.0.1:1051         0.0.0.0:0              LISTENING       1180
  TCP    127.0.0.1:1143         127.0.0.1:1144         ESTABLISHED     2816
  TCP    127.0.0.1:1144         127.0.0.1:1143         ESTABLISHED     2816
```

图 18-6 netstat 命令执行结果示例 2

（续）

实训总结				
考核评价		分值	得分	评语
	自我评价	共 30 分	分	
	组内互评	共 30 分	分	
	教师评价	共 40 分	分	

实训 19　局域网故障检测与排除

班级_____ 学号_____ 姓名_____ 小组编号_____ 成绩_____

设备及工具	接入互联网的局域网
实训目标	1）理解局域网基本工作原理。 2）掌握局域网常见网络故障及其排除办法
知识链接	局域网指在某一区域内由多台计算机和网络设备互连而成的网络。局域网一般通过交换机连接内部各终端计算机，通过路由器连接广域网或其他局域网。常见局域网拓扑结构如图 19-1 所示。 图 19-1　常见局域网拓扑结构 常见局域网故障主要包括如下方面。 1）终端故障。 ● 网卡故障（网卡损坏、驱动程序丢失等）。 ● 网络参数配置错误（IP 地址、网关、子网掩码、DNS 等）。 2）网络设备故障。 ● 交换机故障（掉电、端口未打开等）。 ● 路由器故障（掉电、参数配置错误等）。 3）传输介质故障。 ● 断线。 ● 水晶头损坏或未插好。 针对不同故障应采用不同方式检查及处理
实训内容	1）本地连接故障排除。 2）网关不通故障排除。 3）DNS 不通故障排除。
实训步骤	当发现不能连接网络时，可按以下步骤进行检查。 1）检查"网络连接"。依次打开"控制面板"→"网络和 Internet"→"网络连接"窗口，在"网络连接"窗口中查看以太网连接"Ethernet0"是否正常，如图 19-2 所示。

（续）

实训步骤

图 19-2　查看"网络连接"

如没有 Ethernet0，则故障原因为网卡故障（网卡松动或驱动程序问题）。解决办法为：打开设备管理器，查看本机硬件设备中是否有网卡，如没有，则将机箱打开，把网卡重新在主板上插紧，如有网卡但驱动有问题，则重新安装驱动。如还不能解决问题，则为网卡损坏，更换网卡。

如有 Ethernet0 但状态为"禁用"，则通过快捷菜单启用 Ethernet0，如图 19-3 所示。

图 19-3　启用 Ethernet0

如 Ethernet0 图标上显示叉号，如图 19-4 所示，则故障原因可能为：
- 网线未插好。
- 网线损坏（可使用测线仪检测）。
- 交换机断电。

图 19-4　Ethernet0 未连接

2）检查到网关是否能 ping 通。网关地址一般位于局域网出口路由器的下联口，检查到网关是否能 ping 通可判断故障位置在网关之内还是网关之外。

若不能 ping 通，如图 19-5 所示，则故障原因可能如下。 |

（续）

|实训步骤||

图 19-5　ping 网关

- 本机 IP 地址、子网掩码、网关地址配置不正确。
- 路由器掉电或网关配置不正确。
- 交换机和路由器之间或级联交换机之间的线路故障（此时可拔掉交换机和路由器之间的网线模拟该故障），如图 19-6 所示。

图 19-6　ping 不通网关故障定位

3）检查到 DNS 是否能 ping 通。由于 DNS 服务器一般位于局域网之外，检查到 DNS 是否能 ping 通可判断到外网的连接是否正常。如 DNS 能 ping 通，说明网络正常，若无法上网，可能是浏览器问题或机器中毒，可重新安装浏览器或杀毒。

如 DNS 不能 ping 通，则故障原因可能如下。

- 本机 DNS 参数配置不正确。
- 路由器上联口配置不正确。
- 路由器上联口线路故障（可拔掉路由器上联口网线模拟该故障），如图 19-7 所示。

4）通过以上 3 个步骤可依次扩大故障检测的范围，如表 19-1 所示，这是一种有效的局域网维护技巧。

表 19-1　检测步骤和范围

序号	步骤	检测范围
1	检查网络连接	本机及接入交换机
2	ping 网关	网关以内（局域网内）
3	ping DNS	网关以外（局域网外）

（续）

实训步骤	 图 19-7　ping 不通 DNS 故障定位
任务拓展	选择以下故障出现时相应的现象。 ① 路由器掉电。 □网络连接异常　　　　□网关 ping 不通　　　　□DNS ping 不通 ② 子网掩码填写错误。 □网络连接异常　　　　□网关 ping 不通　　　　□DNS ping 不通 ③ 网卡损坏。 □网络连接异常　　　　□网关 ping 不通　　　　□DNS ping 不通 ④ DNS 服务器地址填写错误。 □网络连接异常　　　　□网关 ping 不通　　　　□DNS ping 不通 ⑤ 接入交换机（和计算机直接相连的交换机）掉电。 □网络连接异常　　　　□网关 ping 不通　　　　□DNS ping 不通 ⑥ 级联交换机（不和计算机直接相连的交换机）掉电。 □网络连接异常　　　　□网关 ping 不通　　　　□DNS ping 不通
实训总结	

考核评价		分值	得分	评语
	自我评价	共 30 分	分	
	组内互评	共 30 分	分	
	教师评价	共 40 分	分	

实训 20　无线路由器连接 Internet

班级_____ 学号_____ 姓名_____ 小组编号_____ 成绩_____

设备及工具	无线路由器、无线终端
实训目标	1）掌握无线路由器的配置和使用方法。 2）掌握无线终端通过无线路由器接入 Internet 的方法
知识链接	无线路由器目前已广泛应用于家庭和办公环境下的无线组网，它兼具无线 AP 和路由器的功能，采用 Infrastructure 模式连接各无线终端，采用有线以太网连接上一级网络或直接接入 Internet。使用无线路由器时一般需要配置 SSID、接口 IP 地址、DHCP 等参数。 无线路由器连接局域网的端口称为 LAN 口，连接或通向广域网的端口称为 WAN 口，如图 20-1 所示。LAN 口和 WAN 口需要正确地配置 IP 地址等参数。大多数小型无线路由器有多个物理 LAN 口，但这些 LAN 口在逻辑上属于一个接口，即所有 LAN 口共用一个 IP 地址 图 20-1　无线路由器接口
实训拓扑	无线路由器连接两台安装了无线网卡的计算机终端，并通过有线网络连接 Internet，使无线终端能够访问 Internet。实训拓扑如图 20-2 所示。 图 20-2　实训拓扑
实训步骤	1）首先对无线路由器进行配置。由于未配置之前，主机和无线路由器之间还不能进行无线互连，因此选择一台主机通过双绞线连接无线路由器的 LAN 口。查看说明书找到无线路由器的 LAN 口地址，一般为 192.168.1.1（也可能是其他地址），将该主机的 IP 地址设为和无线路由器的 LAN 口地址在同一网络内，如 192.168.1.2。 2）在 IP 地址为 192.168.1.2 的主机的浏览器中输入 http://192.168.1.1，查看说明书输入管理员账号和密码，打开无线路由器配置界面，如图 20-3 所示。

（续）

3）在配置界面的左侧导航窗格中选择"网络参数"→"LAN 口设置"选项，查看或修改 LAN 口 IP 地址和子网掩码，如图 20-4 所示。

4）在配置界面的左侧导航窗格中选择"WAN 口设置"选项，首先根据实验环境选择"WAN 口连接类型"，如图 20-5 所示，包括"PPPoE""静态 IP""动态 IP"等。然后根据不同的连接类型继续配置详细的参数。例如，静态 IP 中应配置 IP 地址、子网掩码、网关、DNS 等参数，如图 20-6 所示。

实训步骤

图 20-3　无线路由器配置主界面

图 20-4　LAN 口设置

图 20-5　WAN 口连接类型

图 20-6　静态 IP 参数配置

5）在配置界面的左侧导航窗格中选择"无线设置"选项，填写 SSID 号、无线信道、模式（802.11b/802.11g/802.11n/802.11bgn 兼容等）、频段带宽、最大发送速率等参数，如图 20-7 所示，并选择"开启无线功能"和"开启 SSID 广播"（说明：如不开启 SSID 广播，则无线终端无法自动搜索到该 SSID，需要在终端手工配置 SSID，SSID 广播一般用于安全要求较高的场合）。

（续）

实训步骤	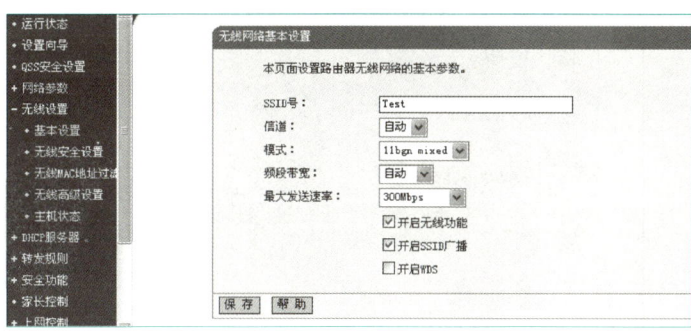

图 20-7　无线参数设置

6）在配置界面的左侧导航窗格中选择"DHCP 服务器"选项，选择"启用"，填写 DHCP 相关参数，如图 20-8 所示，否则客户端需要配置静态 IP 地址等参数。由于路由器的 LAN 口作为局域网的网关，因此网关应填写路由器的 LAN 口地址，且地址池中的地址必须和网关属于同一网络。

图 20-8　DHCP 参数设置

7）本实训中，路由器作为网络中的末端路由器（即只有 1 个接口连接其他路由器），因此可使用默认路由而不需要配置路由表。如果该路由器作为网络中的中间节点路由器（即有两个或两个以上接口连接其他路由器），则需要配置路由表，如图 20-9 所示。

图 20-9　静态路由表配置

8）路由器配置完成并保存后，断开用于配置路由器的有线连接，按图 20-2 所示构建实训拓扑。

9）由于路由器开启了 DHCP，因此无线终端的"无线网络连接"的 TCP/IP 配置中应使用动态 IP。

10）单击无线终端主机右下角的"Internet 访问"图标，在弹出的无线网络列表中选择 SSID 为"Test"的无线网络，单击"连接"按钮，如图 20-10 所示。当"Test"无线网络显示"已连接"时（如图 20-11 所示），说明主机和无线路由器已连接成功。 |

实训步骤	 图 20-10　选择无线网络　　　图 20-11　无线网络已连接 11）在无线终端上测试是否能访问 Internet。 □能　　　　　　□否
实训总结	

考核评价		分值	得分	评语
	自我评价	共 30 分	分	
	组内互评	共 30 分	分	
	教师评价	共 40 分	分	